教/育/部/推/荐/用/书
中等职业教育计算机专业系列教材

AFTER EFFECTS

YINGSHI TEXIAO ZHIZUO SHILI JIAOCHENG

After Effects
影视特效制作实例教程

- 主　编　吴万明　陈万君
- 副主编　陈　娟
- 参　编　唐　冰　宋小亚
　　　　　吴万清　吴永健

U0190534

JIAOYUBU TUIJIAN YONGSHU

ZHONGDENG ZHIYE JIAOYU
JISUANJI ZHUANYE XILIE JIAOCAI

重庆大学出版社

内容简介

本书以影视后期制作岗位所需能力为基础，工作任务为导向，训练技能为核心，大量实例为载体，After Effects CC 为平台，讲述了影视后期制作中制作背景和文字特效、创建二维图形和蒙版、调色抠像、搭建三维空间、架设灯光和摄像机、使用插件等方面的知识和技能。本书共 8 个项目，包含 22 个任务，每个任务结合了具体的工作场景，由"任务描述""任务分析""任务目标"和"任务实施"等内容组成，旨在培养读者分析任务，寻找解决问题路径的能力。

本书适合作为中等职业学校计算机平面设计、数字媒体技术应用、计算机动漫与游戏制作等相关专业的教材，也适合作为影视后期制作爱好者的自学教程。

图书在版编目(CIP)数据

After Effects影视特效制作实例教程 / 吴万明，陈万君主编. -- 重庆：重庆大学出版社，2020.6（2023.8重印）

中等职业教育计算机专业系列教材

ISBN 978-7-5689-2122-0

Ⅰ. ①A… Ⅱ. ①吴… ②陈… Ⅲ. ①图像处理软件—中等专业学校—教材 Ⅳ. ①TP391.413

中国版本图书馆CIP数据核字（2020）第066195号

After Effects影视特效制作实例教程

主　编　吴万明　陈万君

责任编辑：章　可　　装帧设计：原豆文化

责任校对：关德强　　责任印制：赵　晟

*

重庆大学出版社出版发行

出版人：陈晓阳

社址：重庆市沙坪坝区大学城西路21号

邮编：401331

电话：（023）88617190　88617185（中小学）

传真：（023）88617186　88617166

网址：http://www.cqup.com.cn

邮箱：fxk@cqup.com.cn（营销中心）

全国新华书店经销

重庆升光电力印务有限公司印刷

*

开本：787mm×1092mm　1/16　印张：9.25　字数：221千

2020年6月第1版　　2023年8月第3次印刷

ISBN 978-7-5689-2122-0　定价：45.00元

本书如有印刷、装订等质量问题，本社负责调换

一、使用说明

After Effects CC（简称 AE）是专业的图形视频处理软件，属于非线性编辑的软件，主要用于制作视觉特效，而且第三方开发人员编写的多种独特插件，让其功能得到不断扩充和增强，因此成为影视后期制作人员优选的特效制作软件，使用人数众多。

为此，编者专门编写了本书，下面先介绍本书的结构和特色。

任务一
霓虹背景——创建图层

■ **任务描述** ◀ 实际工作中的任务展示

翰道影视公司接到制作某学校元旦晚会 LED 视频背景的任务，总共要完成 18 个节目的视频背景，要求背景视频与节目内容相关。时间紧迫，刚入职的李渝也要完成两个节目的背景视频制作任务。第一个节目的内容是演唱校园歌曲，李渝决定制作彩色射线的变化效果作为背景视频。

■ **任务分析** ◀ 解剖工作任务，探索解决思路，给出解决路径

制作 LED 视频背景，首先要了解 LED 屏幕的大小、分辨率等，然后根据节目内容确定视频背景类型，如喜庆、唯美、古典、故事、科技等类型。在 AE 软件中创建不同类型的图层，每层添加不同特效，通过叠加、调整等方法就可以制作出充满创意的个性化原创背景。

■ **任务目标** ◀ 本任务的知识和技能训练目标

- 学会制作视频背景；
- 学会在图层面板中进行各类图层的新建、修改、复制、删除操作；
- 学会查看图层属性和添加属性关键帧；
- 学会用 Media Encode 渲染视频。

■ **任务效果** ◀ 可以预览效果截图，并通过扫码观看操作视频

视频教学

霓虹背景

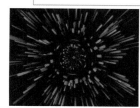 

图 2-1-1 效果截图

■ 任务实施 ◄───── 解决任务问题的具体步骤，先分为几个大步骤，每个大步骤中又有若干小步骤，所有操作都有相关的视频内容，可扫码观看

一、新建合成，创建图层

（1）新建合成。按快捷键"Ctrl+Alt+N"新建项目，再按快捷键"Ctrl+N"新建合成，设置合成名称为"霓虹背景"，宽度为"720"，高度为"576"，持续时间为 8 s，如图 2-1-2 所示。

■■■■ 知识窗 ◄───── 操作中涉及的基本知识

AE CC 2015 的面板有很多，但是效果主要显示在合成面板中。合成面板除了有预览功能外，还可以控制、操作、管理素材，缩放窗口比例，显示当前时间、分辨率、图层线框、3D 视图模式、标尺等。

AE CC 2015 采用浮动面板模式，每个面板可随意移动，以及调节大小或关闭。面板布局形式可在"窗口 / 工作区"中选择，也可组合自己的个性化面板，通过"另存为新工作区…"保存，如图 1-2-4 所示。

图 1-2-4 工作区设置菜单命令

◎◎ 技能点拨 ◄───── 操作技能和方法的提醒、总结或拓展

◇单击效果面板中 ▼fx 左边的向下三角形按扭，可实现特效参数的收缩与展开。

◇单击 ▼fx 中的"fx"可关闭或显示当前特效。

◇通过效果和预设面板中的特效查找命令，能快速找到需要的相关特效，提高制作效率。

■ 任务练习 ◄───── 为了巩固本任务所学知识和技能而设置的练习，难度略高于讲解的任务

结合本任务所学的知识和技能，完成"指上功夫"特效视频制作，效果截图如图 8-3-21 所示。

图 8-3-21 "指上功夫"效果截图

二、本书内容

本书通过 8 个项目共 22 个任务，讲述了影视后期制作中制作背景和文字特效、创建二维图形和蒙版、调色抠像、搭建三维空间、架设灯光和摄像机、使用插件等方面的知识和技能。

本书要求掌握的技能点如下：

影视特效制作

项目一 开启 AE 特效世界
◇ 能找出影视剧中的特效片段；
◇ 能识别视频中的帧、帧率、时间码、景别；
◇ 能认识 AE CC 2015 的操作面板；
◇ 能用 AE CC 2015 制作一个简单的特效动画。

项目二 炫酷背景闪闪闪
◇ 能理清背景视频的制作思路；
◇ 能理解 AE CC 2015 中图层的含义、种类和作用；
◇ 能新建、复制和删除图层；
◇ 能查看图层属性和制作属性关键帧动画；
◇ 能查看、调用与修改预设动画。

项目三 特效文字爽歪歪
◇ 能输入和编辑视频文本；
◇ 能使用文本预设动画；
◇ 能用泡沫特效制作气泡文字。

项目四 形状蒙版遮遮掩
◇ 能使用形状工具绘制创意二维图形和蒙版；
◇ 能使用操控点工具；
◇ 能制作蒙版动画；
◇ 能制作遮罩特效视频。

项目五 调色抠像拨心弦
◇ 能用色阶、曲线、自然饱和度调整视频色调；
◇ 能替换视频或图片的背景；
◇ 能抠取毛发等复杂对象；
◇ 能用 Keylight 进行蓝绿屏抠像；
◇ 能美化抠像合成的视频。

项目六 音频特效托主题
◇ 能导入音频文件；
◇ 能添加音频频谱滤镜；
◇ 能将音频振幅转换为关键帧；
◇ 能用表达式关联动画参数。

项目七 三维光影建空间
◇ 能开启对象的三维属性；
◇ 能搭建三维场景；
◇ 能给三维空间创建和设置灯光；
◇ 能制作摄像机动画。

项目八 粒子跟踪仿自然
◇ 能安装和注册第三方插件；
◇ 能使用第三方插件 Particular 特效；
◇ 能制作粒子跟踪效果。

三、运行环境

本书以 After Effects CC 2015 版本为平台开展各个实例的讲述，因此本书的素材、源文件请用高于此版本的软件打开。另外，本书的渲染软件是 Media Encoder CC 2015，浏览软件是 Bridge 2015，在学习和使用时建议下载 Adobe Creative Cloud 套装软件。

四、读者对象

本书适合作为中等职业学校计算机平面设计、数字媒体技术应用、计算机动漫与游戏制作等相关专业的教材，也适合作为影视后期制作爱好者的自学教程。

五、编写团队

本书由具有多年影视后期制作教学经验并获全国技能大赛辅导奖的教师、企业专家共同编写。本书由吴万明、陈万君担任主编，陈娟担任副主编，参与本书编写和视频制作的老师还有宋小亚、唐冰、吴万清、吴永健。具体编写分工如下：项目一由重庆市第八中学校吴永键编写，项目二由重庆市九龙坡职业教育中心吴万明编写，项目三、项目六由重庆市九龙坡职业教育中心陈万君编写，项目四、项目五由重庆市渝北职教中心唐冰、北京市信息管理学校吴万清、重庆市九龙坡职教中心李希梅和周朝强编写，项目七由重庆市立信职业教育中心陈娟编写，项目八由重庆市立信职业教育中心宋小亚编写，吴万明负责统稿，陈万君负责视频制作与审核，重庆迪帕数字传媒有限公司刘方浩提供实例资源及技术支持。

本书在编写过程中得到了重庆市教育科学研究院、重庆大学出版社、重庆迪帕数字传媒有限公司的大力支持和帮助，在此一并致以衷心感谢。因时间仓促、编者水平有限、软件技术发展飞速，书中难免有疏漏之处，敬请广大读者批评指正，可联系编者邮箱：925521712@qq.com。

编　者

2020 年 3 月

目
录

项目一
开启 AE 特效世界

■ 项目概述

　　影视剧中的飞檐走壁、奇门遁甲、天体爆炸场景，以及怪兽的恐怖表情、灵物的特殊功效已经不足为奇，因为视频后期特效已经随处可见，在广告片、新闻节目、天气预报等中都被广泛使用，特效已成为视频的基本组成部分。

　　本项目介绍了影视后期特效制作岗位的能力要求，以及特效的含义与功能，分析了视频的专用术语、制式、景别，展示了特效制作软件 After Effects CC 2015（以下简称 AE CC 2015）制作视频特效的操作流程。

　　通过本项目的学习，读者应能了解特效的含义与功能，能理解视频专用术语，能用 AE CC 2015 软件完成项目和合成的创建，添加特效后导出视频。

■ 技能训练点

　　◇能找出影视剧中的特效片段；

　　◇能识别视频中的帧、帧率、时间码、景别；

　　◇能认识 AE CC 2015 的操作面板；

　　◇能用 AE CC 2015 制作一个简单的特效动画。

■ 学时建议

　　理论：3 学时；实训：2 学时。

任务一
影视特效——揭秘视频

■ 任务描述

李渝应聘到瀚道影视公司工作，岗位是影视后期特效制作。公司安排了一位经验丰富的员工作为他的师傅，带领他一起工作。为使李渝尽快熟悉工作，师傅给了他很多不同类型的视频，让他找出视频中的特效片段，说出特效片段在影片中的作用。

■ 任务分析

要找出视频中的特效片段，先要明白视频特效的含义和功能，再了解视频的类型、主题、故事情节等，因为视频中每个镜头都是为表现主题服务的。组成视频的最小单位是帧，了解帧、帧率、时间码等的含义是看懂视频特效的基础。

■ 任务目标

- 了解影视后期特效制作岗位的能力要求；
- 了解影视特效的含义、分类与作用；
- 掌握视频中的帧、帧率、时间码、景别、镜头等概念。

■ 任务实施

一、影视后期特效制作岗位的能力要求

通过调研文化中心、影片制作公司、新闻媒体、游戏设计公司、婚庆公司、广告公司、装饰公司、建筑设计公司、动漫制作公司等企事业单位的影视后期特效制作岗位后，发现此岗位对从业人员的能力要求如下：

（1）具有良好的团队合作精神、责任心，沟通能力强，工作态度积极，能吃苦耐劳。

（2）具有一定的美术基础、较强的审美能力、色彩感知和分辨能力。

（3）精通多种特效制作软件，能熟练完成视频剪辑和创意特效制作。

（4）熟悉影视包装，可独立完成各类视频内容的包装。

（5）理解项目脚本，能运用影视镜头语言对视频内容进行二次创作。

二、影视特效基础知识

在影视作品中，人工制造出来的假象和幻觉，被称为影视特效（也被称为特技效果）。根据观众对特效的感受，可以将影视特效分为视觉特效和声音特效。

影片制作者使用特效的原因如下：一是避免让演员处于危险的境地，如图 1-1-1 所示的跳楼镜头；二是节省成本，如图 1-1-2 所示的飞机爆炸场景；三是需要有虚构的场景或

人物，如图 1-1-3 所示的怪物和图 1-1-4 所示的外星球；四是增强视听效果，让影片更精彩。

图 1-1-1　跳楼

图 1-1-2　飞机爆炸

图 1-1-3　怪物

图 1-1-4　外星球

三、视频基础知识

1. 帧

视频由一系列单独的静止图像组成，每个单独的静止图像称为一帧，帧是视频的最小单位。将一系列的单帧图片以合适速度连续播放，利用肉眼的视觉残留现象，将在观察者眼中产生平滑活动的影像，就产生了动态画面效果。例如，一个影片的播放速度为 25 帧／秒，就表示该影片每秒钟播放 25 个单帧静态图像。图 1-1-5 所示是"东方梦工厂影视标志"视频的 3 帧图像。

第 1 帧

第 2 帧

第 3 帧

图 1-1-5　"东方梦工厂影视标志"视频的 3 帧图像

2. 帧率和帧长宽比

帧率就是每秒钟播放的图片数量，单位是 fps，如 30 fps 指的是每秒钟播放 30 张图片。分辨率是指显示器所能显示的像素有多少，即屏幕图像的精密度。一般而言，帧率越高视频越流畅，分辨率越高视频越清晰。当帧率较低时，视频会出现卡顿、播放不流畅；

但是帧率太高，会让观众感觉头晕，且高帧率对播放设备有较高的要求。

帧长宽比是指图像的长度和宽度的比例，常见的有 4∶3 和 16∶9，图 1-1-6 所示是 4∶3 图像效果，图 1-1-7 所示是 16∶9 图像效果。

图 1-1-6　4∶3 图像效果　　　　　图 1-1-7　16∶9 图像效果

3. 时间码

时间码是摄像机在记录图像信号时，针对每幅图像的唯一时间编码，可用来表示一段视频的持续时间、开始帧和结束帧。用"时∶分∶秒∶帧"格式表示小时、分钟、秒和帧数，如 00∶01∶20∶12 表示 1 分钟 20 秒 12 帧。图 1-1-8 和图 1-1-9 所示是电影《阿凡达》在 00∶16∶09∶39 时间处和 01∶22∶28∶1 时间处的一帧图像。

图 1-1-8　00∶16∶09∶39 时间处的一帧图像　　图 1-1-9　01∶22∶28∶1 时间处的一帧图像

※※ 阅读有益

电视制式就是电视信号的标准。只有遵循一样的技术标准，才能够实现电视机正常接收电视信号、播放电视节目，目前全世界主要使用 3 种制式。

● PAL 制式：Phase Alternation Line 的英文缩写，帧率为 25 fps，扫描线为 625 行，分辨率为 720×576 px，色彩位深为 24 Bit，画面的长宽比为 4∶3，中国、澳大利亚、新西兰等国家使用该制式。

● NTSC 制式：帧率为 29.97 fps，扫描线为 525 行，隔行扫描，画面的长宽比为 4∶3，分辨率为 720×480 px，美国、加拿大、日本、韩国、菲律宾等国家使用该制式。

● SECAM 制式：帧率为 25 fps，扫描线为 625 行，隔行扫描，画面长宽比为 4∶3，分辨率为 720×576 px，优点是不怕干扰，彩色效果好，但兼容性差，法国、东欧和中东一带的国家主要使用该制式。

4. 景别

景别是指摄影机在距被摄对象的不同距离或用变焦镜头摄成的不同范围的画面。景别一般可划分为大特写、特写、近景、中景、全景、远景 6 种，如图 1-1-10 所示。

图 1-1-10　不同景别的展示

- 大特写：又称"细部特写"，人物面部，重在表现细微变化。
- 特写：人物肩部以上，重在表现神态。
- 近景：人物胸部以上，重在表现表情。
- 中景：人物膝盖以上，重在表现形态。
- 全景：人物全身及周围背景，重在表现气氛。
- 远景：深远的镜头画面，人物在画面中占很小位置，重在表现环境。

5. 镜头

镜头是指拍摄时摄影机与被摄体之间的角度，因此角度是镜头画面构图的重要因素，有着丰富的艺术表现力。例如，仰拍镜头，使被拍对象显得高大、雄伟；俯拍镜头，使被拍对象显得矮小、空旷；平拍镜头，使被拍对象显得庄重、平稳。

在影片拍摄的发展初期，画面都是固定拍摄，后来出现了移动拍摄，能增强影片的表现力。按摄影机的运动方式不同，移动拍摄主要有以下类型。

- 摇：中心位置不变，向各个方向摇晃拍摄。
- 推、拉：利用移动车或摄影师走动方式，向摄影对象推进或拉远拍摄。
- 伸、缩：利用变焦镜头的调整，摄取由远到近或由近到远的画面，拍摄的结果在透视方面与推、拉镜头不同。
- 移：不固定跟随某一对象，纵横移动着拍摄。
- 跟：跟随运动的对象拍摄。
- 升、降：在升高或降低的运动中拍摄。

四、影视后期特效课程的学习方法

影视后期从流程上讲包括剪辑和特效两部分，剪辑需要有整体规化的思维，特效需要有创新思维和独特审美意识。那么，如何学习影视后期特效制作这门课程呢？

首先，学习软件的操作是基础，更重要的是培养审美能力和设计能力，可以先从多观摩制作作品开始。

其次，会使用的软件越多并不代表能力越强，更重要的是精通一款主流的软件。

最后，先跟随老师学好基础，能看懂源文件，会修改模板；再根据自己的爱好学习进阶的内容，掌握好软件内置特效的使用，不用过多追求各种插件的应用。

■ 任务练习

观看动漫电影《哪吒之魔童降世》，找出你喜欢的特效镜头，并标记出特效出现的时间段，完成下表的填写。

序　号	特效镜头	开始时间	结束时间
1			
2			
3			

>>>>> 任务二
特效宝盒——初识Adobe Effects CC 2015

■ 任务描述

瀚道影视公司即将推出视频"荷花仙子"，现需制作其中一个 5 ~ 8 s 的特效动画，展现绿水清山的环境，师傅将这个任务交给李渝来完成。

■ 任务分析

要展现绿水清山的环境，可正面展示植物形态，再赋予植物动态效果和声音，从而体现出环境之美。After Effects CC 2015 是 Adobe Creative Cloud 套装中的一款专业视频特效制作和编辑软件，其自带有几十种特效，如 CC Bubble（吹泡泡）特效，可让荷花产生朵朵升腾的效果，表现出环境无污染，空气清新。制作好的视频还可导出为多种格式，以便今后调用。

■ 任务目标

- 掌握 AE CC 2015 的操作面板布局；
- 学会项目的创建，合成的创建、设置、预览与导出，素材的导入与查看，特效的添加与编辑。

■ 任务效果

荷花升腾

图 1-2-1　效果截图

■ 任务实施

一、启动软件，新建项目

（1）启动软件。双击桌面上 AE CC 2015 图标"**Ae**"启动软件，显示启动界面后，进入欢迎屏幕的"开始"窗口，如图 1-2-2 所示。

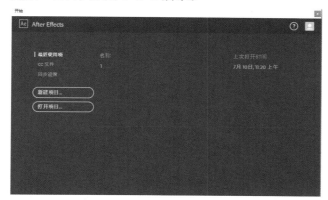

图 1-2-2　"开始"窗口

（2）新建项目。在"开始"窗口中单击"新建项目"，进入 AE CC 2015 标准界面，如图 1-2-3 所示。

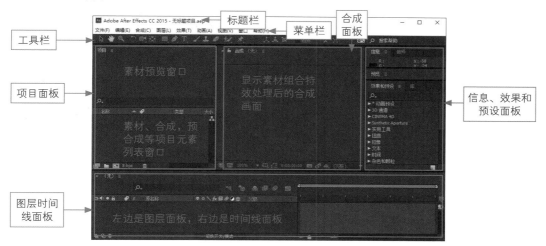

图 1-2-3　标准界面

◼◼◼◼ 知识窗

AE CC 2015 的面板有很多，但是效果主要显示在合成面板中。合成面板除了有预览功能外，还可以控制、操作、管理素材，缩放窗口比例，显示当前时间、分辨率、图层线框、3D 视图模式、标尺等。

AE CC 2015 采用浮动面板模式，每个面板可随意移动，以及调节大小或关闭。面板布局形式可在"窗口 / 工作区"中选择，也可组合自己的个性化面板，通过"另存为新工作区…"保存，如图 1-2-4 所示。

图 1-2-4　工作区设置菜单命令

二、导入素材，创建合成

（1）导入素材。执行"文件 / 导入"命令，导入所有的素材后，在项目面板中将显示素材的缩略图，如图 1-2-5 所示。

◎◎ 技能点拨

素材的其他导入方式：

◇在项目面板中右击，选择"导入"命令；

◇在项目面板中双击，直接导入；

◇按快捷键"Ctrl+I"导入。

图 1-2-5　项目面板

（2）创建合成。执行"合成 / 新建合成"命令（快捷键"Ctrl+N"），在如图 1-2-6 所示的"合成设置"对话框中，设置合成名称为"荷花升腾"，预设为"PAL D1/DV"，持续时间为 5 s，然后单击"确定"按扭即可。

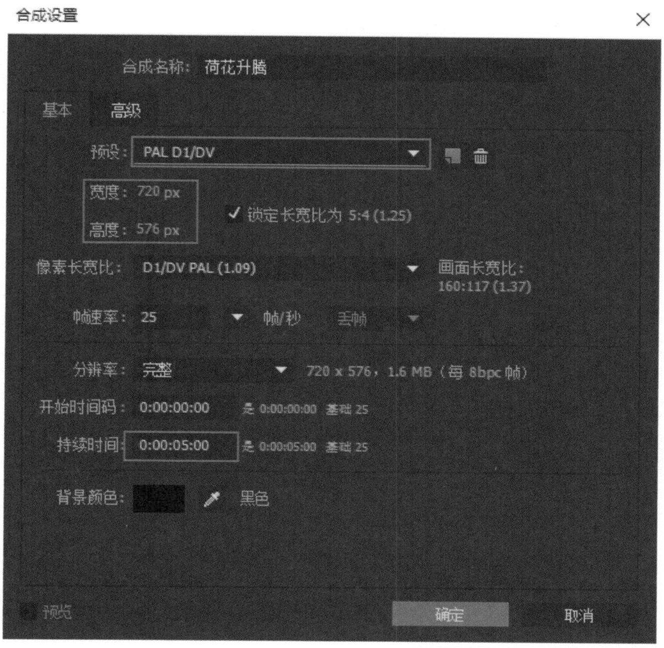

图 1-2-6 "合成设置" 对话框

◎◎ 技能点拨

　　◇在实际应用中一般采用高清格式 HDV/HDTV720 25 或者 HDTV 1080 25；在教学活动中重在学习软件功能，所以常采用标清格式 PAL D1/DV，可以加快预览和渲染视频的速度。

　　◇使用快捷键可提高工作效率，菜单命令的快捷键可以在命令后面直接看见，如图 1-2-7 所示；要查看工具按钮的快捷键可以将鼠标放在按扭上即可，如图 1-2-8 所示。

图 1-2-7　菜单快捷键　　　　图 1-2-8　工具按钮快捷键

　　（3）将素材加入合成。在项目面板中选中"荷花 .jpg"图片，将其拖到合成窗口中，然后执行"图层 / 变换 / 适合复合"命令（快捷键"Ctrl+Shift+F"），效果如图 1-2-9 所示。

三、添加特效，修改参数

　　（1）添加波纹特效，让静态图片动起来。在图层面板上选中"荷花 .jpg"图层，执行"效果 / 扭曲 / 波纹"命令，在效果控件面板中设置参数，如图 1-2-10 所示，设置后按空格键可看到图片中的荷花轻轻摆动。

图 1-2-9　素材加入到合成

图 1-2-10　设置波纹特效参数

（2）复制图层。在图层面板中选中"荷花 .jpg"图层，按快捷键"Ctrl+D"复制图层，选中上层图层，按回车键，修改图层的名称为"荷花复制"，图层面板如图 1-2-11 所示。

图 1-2-11　复制图层

（3）添加 CC Bubble 特效。选中"荷花复制 .jpg"图层，单击右键，选择"效果 / 模拟 /CC Bubble"命令，添加 CC Bubble 特效。设置参数如图 1-2-12 所示，设置后按空格键可看到荷花上泡泡的升腾效果。

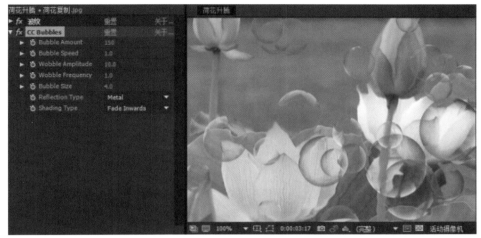

图 1-2-12　设置 CC Bubble 的参数

（4）加入背景音乐。在项目面板中选中"背景音乐 .mp3"素材，拖到合成窗口中，可看到图层面板中多了一个"背景音乐 .mp3"图层，展开该图层的"音频 / 波形"属性，可看到声音的波形如图 1-2-13 所示。

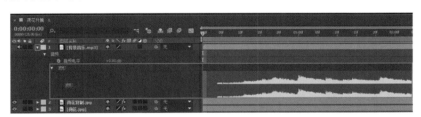

图 1-2-13　声音的波形

四、预览合成，保存项目

按空格键或者单击预览面板中的播放按钮，如图 1-2-14 所示，预览视频，再按快捷键"Ctrl+S"保存项目文件。

图 1-2-14　预览面板中的按扭

◎◎ 技能点拨

> 预览合成的其他方法：
> ◇按小键盘的数字键 0；
> ◇执行"合成 / 预览 / 播放当前预览"命令。

五、渲染导出

（1）AE CC 2015 制作的视频文件可以按图 1-2-15 所示的 4 种方式导出（前 3 种方式都不是内置的，使用前必须安装相应的软件），在此选择第 4 种"添加到渲染队列"。

图 1-2-15　导出菜单

（2）设置渲染参数。在渲染面板中单击"输出模块"右边的文字"无损"，在"输出模块设置"对话框中设置格式为"Quicktime"，其余参数默认，然后单击"确定"按钮，如图 1-2-16 所示。

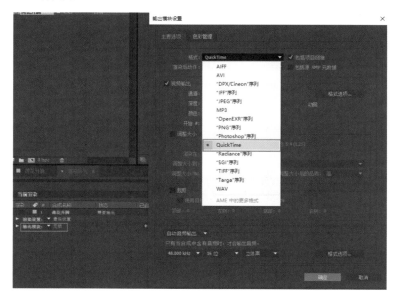

图 1-2-16　渲染设置

（3）设置导出文件的位置及名称。在渲染面板中单击"输出到"右边的文字"尚未指定"，打开"将影片输出到"对话框，选择保存路径，输入文件名，然后单击"保存"按扭，如图 1-2-17 所示。

图 1-2-17　设置导出文件的位置及名称

（4）渲染输出。单击渲染面板中的"渲染"按钮  ，完成最终影片的输出，输出文件为"荷花升腾.mov"。

六、整理工程

制作完一个文件时，需要清理未使用过的素材、项目，整合所有素材，查找缺失的素材、效果和字体，保留最完整的源文件及素材，增加文件的再编辑性和移植性。

（1）整理文件。依次选择"文件 / 整理工程（文件）"下的多项命令："删除未用过的素材""减少项目""查找缺失的效果""查找缺失的字体""查找缺失的素材"，整合所有素材，如图 1-2-18 所示。

图 1-2-18　整理文件

（2）收集文件。选择"文件 / 整理工程（文件）/ 收集文件…"命令，设置文件收集的参数，如图 1-2-19 所示，单击"收集"按扭，指定收集位置，输入存放的文件夹名称为"荷花升腾文件夹"，如图 1-2-20 所示。

图 1-2-19　设置文件收集的参数

图 1-2-20　指定收集文件位置

（3）查看收集情况。收集后将在指定位置自动生成一个素材文件夹、一个源文件和一个报告文件，如图 1-2-21 所示。

图 1-2-21　查看收集结果

■ 任务练习

利用梯度渐变特效，将本任务实例中的背景改为蓝色渐变效果，制作出如图 1-2-22 所示的"荷花升腾"效果。

图 1-2-22　"荷花升腾"效果截图

■ 核心能力检测

1. 目前，电视的制式有 3 种：＿＿＿＿＿＿ 制式、NTSC 制式和 ＿＿＿＿＿＿ 制式，中国采用的是 ＿＿＿＿＿＿ 制式。

2. 时间码是摄像机在记录图像信号时，针对每一幅图像的唯一时间编码，如 00：01：20：12 表示 ＿＿＿＿＿＿＿＿＿＿。

3. 电影里特效的作用是（　　　）。（多选）

    A. 避免演员处于危险之中　　　　　　B. 节省电影拍摄成本

    C. 表现现实中不存在的风景或生物　　D. 增加电影的观赏度

4. 在 AE CC 2015 软件中，导入素材的方法有（　　　）。（多选）

    A. 按快捷键"Ctrl+I"　　　　　　　　B. 执行"文件 / 导入 / 导入素材"命令

    C. 在项目面板中双击　　　　　　　　D. 在图层面板中双击

5. 观看你喜欢的视频，记录下 5 个特效视频片段，填写在下表中。

视频名称：			
序　号	开始时间	结束时间	你认为此特效的作用（优点）
1			
2			
3			
4			
5			

项目二
炫酷背景闪闪闪

■ **项目概述**

在大型晚会中常用巨型的 LED 屏幕展示节目背景画面，用来烘托主题，丰富观众的视觉体验。在影视剧中，背景可以起到推动情节发展、展现故事发生年代、表现人物心理活动等作用。背景特效制作自然也成为了视频后期处理不可忽视的部分。

本项目介绍了 AE CC 2015 软件中图层的类型与作用，通过实例演示了图层的新建、修改、复制、删除、出入点调整等操作，还介绍了 AE CC 2015 内置预设动画的调用和修改方法。

通过本项目的学习，读者应能创建和编辑图层，能查看图层基本属性，能制作图层属性关键帧动画，能调用预设背景快速制作炫酷的背景特效视频。

■ **技能训练点**

◇能理清背景视频的制作思路；

◇能理解 AE CC 2015 中图层的含义、种类和作用；

◇能新建、复制和删除图层；

◇能查看图层属性和制作属性关键帧动画；

◇能查看、调用与修改预设动画。

■ **学时建议**

理论：1 学时；实训：3 学时。

>>>>> **任务一**
霓虹背景——创建图层

■ **任务描述**

　　翰道影视公司接到制作某学校元旦晚会 LED 视频背景的任务，总共要完成 18 个节目的视频背景，要求背景视频与节目内容相关。时间紧迫，刚入职的李渝也要完成两个节目的背景视频制作任务。第一个节目的内容是演唱校园歌曲，李渝决定制作彩色射线的变化效果作为背景视频。

■ **任务分析**

　　制作 LED 视频背景，首先要了解 LED 屏幕的大小、分辨率等，然后根据节目内容确定视频背景类型，如喜庆、唯美、古典、故事、科技等类型。在 AE 软件中创建不同类型的图层，每层添加不同特效，通过叠加、调整等方法就可以制作出充满创意的个性化原创背景。

■ **任务目标**

- 学会制作视频背景；
- 学会在图层面板中进行各类图层的新建、修改、复制、删除操作；
- 学会查看图层属性和添加属性关键帧；
- 学会用 Media Encode 渲染视频。

■ **任务效果**

视频教学

霓虹背景

图 2-1-1　效果截图

■ **任务实施**

一、新建合成，创建图层

　　（1）新建合成。按快捷键"Ctrl+Alt+N"新建项目，再按快捷键"Ctrl+N"新建合成，设置合成名称为"霓虹背景"，宽度为"720"，高度为"576"，持续时间为 8 s，如图 2-1-2 所示。

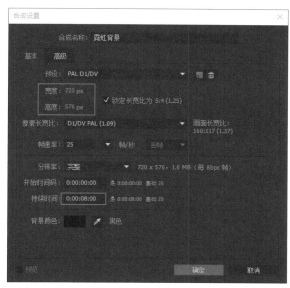

图 2-1-2 "合成设置"对话框

（2）创建"背景"图层。执行"图层／新建／纯色"命令（快捷健"Ctrl+Y"）创建一个纯色图层，设置名称为"背景"，颜色为黑色，如图 2-1-3 所示。

（3）创建"红色射线"图层。在图层面板的空白处单击右键，选择"新建／纯色"命令，设置图层名称为"红色射线"，图层颜色为白色，如图 2-1-4 所示。

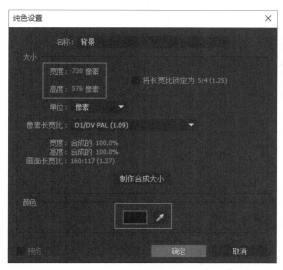

图 2-1-3 设置"背景"图层

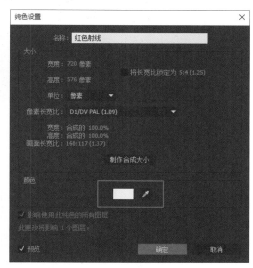

图 2-1-4 设置"红色射线"图层

■■■■知识窗

AE CC 2015 的操作绝大部分都是基于图层的操作，图层是所有素材、特效、灯光、文字、摄像机等对象的载体。因此图层是构成合成的元素，如果没有图层，合成就是一个空帧。一个合成可以包含上千个图层，也可以只有一个图层。可在合成中创建任何纯色和大小（最大 30 000×30 000 px）的图层。

1. 图层类型

在 AE CC 2015 中可创建的图层类型有文本、纯色、灯光、摄像机、空对象、形状图层和调整图层 7 种，每种类型都有不同的作用和特色，如图 2-1-5 所示。

图 2-1-5 图层类型

在同一个合成中新建图层时，默认的图层大小与合成窗口大小一致，如果有特殊要求，可以更改。

2. 图层面板

图层面板和时间线面板放在一个浮动面板中，如图 2-1-6 所示，左边是图层面板，右边是时间线面板，一个图层的显示时间由其在时间线面板中的长度决定。

图 2-1-6 图层时间线面板

利用图层面板中的 ◉◀●🔒 一组按钮，可显示 / 隐藏图层视频、启用 / 禁用图层声音、孤立图层、锁定图层。

利用图层面板中的 ◆☼⟍ fx▦◊◉◉▨ 效果按扭，可完成设置图层、合成图层的折叠变换、质量和采样、效果、帧混合、运动模糊、调整图层、3D 图层等操作。

操作时，将鼠标悬停在按扭上，即可显示相关按扭的功能，如图 2-1-7 所示。

图 2-1-7 图层面板按扭

二、制作红色射线

（1）添加 CC Star Burst（星爆）特效。选中"红色射线"图层，单击右键，选择"效果 / 模拟 /CC Star Burst"命令，设置特效参数如图 2-1-8 所示，拖动时间指示器预览效果，可看到白色的运动星光。

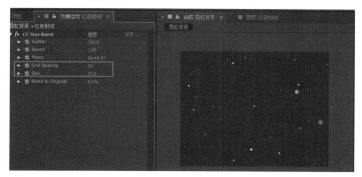

图 2-1-8　CC Star Burst 参数及效果

（2）添加填充特效。执行"效果 / 生成 / 填充"命令，设置颜色为"红色"，如图 2-1-9 所示。

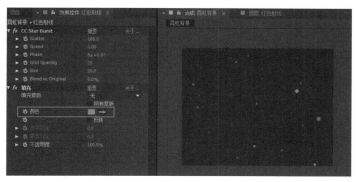

图 2-1-9　填充特效参数及效果

（3）添加 CC Light Burst 2.5（光线爆裂）特效。在效果和预设面板中输入"CC Light"，软件将搜索出相关特效，双击出现的"CC Light Burst 2.5"，则把此特效添加到当前图层，设置 Ray Length（光线长度）值为"-100.0"，如图 2-1-10 所示。

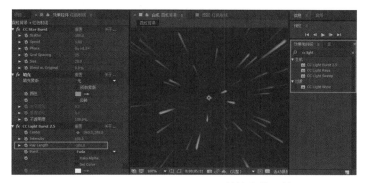

图 2-1-10　CC Light Burst 2.5 特效参数和效果

◎◎ 技能点拨

◇单击效果面板中 ▼fx 左边的向下三角形按扭，可实现特效参数的收缩与展开。

◇单击 ▼fx 中的"fx"可关闭或显示当前特效。

◇通过效果和预设面板中的特效查找命令，能快速找到需要的相关特效，提高制作效率。

（4）添加遮罩阻塞工具特效。执行"效果／遮罩／遮罩阻塞工具"命令，设置阻塞1的值为"-127"，按空格键可预览，能看到红色的透视射线由远到近的效果，如图2-1-11所示。

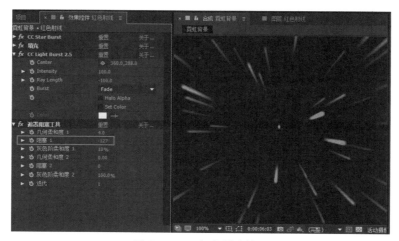

图 2-1-11 红色射线效果

三、制作绿色射线

（1）复制图层。选中"红色射线"图层，按快捷键"Ctrl+D"复制图层，选中最上面的图层，按回车键，修改图层名称为"绿色射线"，图层面板如图2-1-12所示。

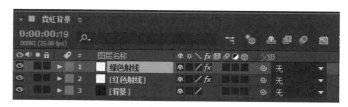

图 2-1-12 创建"绿色射线"图层

（2）制作绿色射线。选中"绿色射线"图层，修改CC Star Burst特效的Scatter值为"80.0"，填充颜色为"绿色"（RGB:0，255，0），如图2-1-13所示。

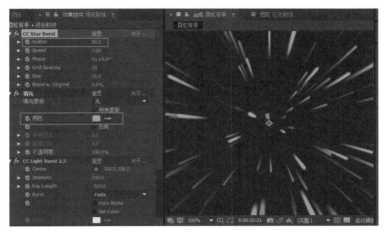

图 2-1-13 绿色射线效果

四、制作蓝色和紫色射线

（1）制作蓝色射线。复制"绿色射线"图层，改名为"蓝色射线"；修改"蓝色射线"图层 CC Star Burst 特效的 Scatter 值为"60.0"，填充颜色为"蓝色"（RGB：0，0，255），如图 2-1-14 所示。

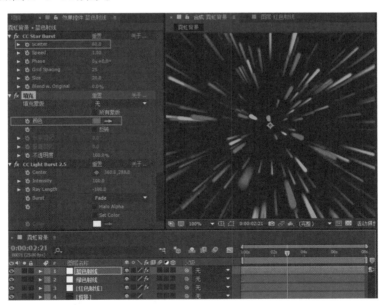

图 2-1-14 蓝色射线效果

（2）制作紫色射线。复制"蓝色射线"图层，改名为"紫色射线"；修改"紫色射线"图层 CC Star Burst 特效的 Scatter 值为"40.0"，填充颜色为"紫色"（RGB：255，0，255），如图 2-1-15 所示。

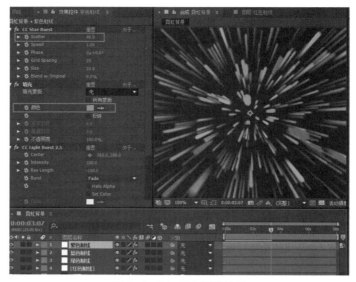

图 2-1-15　紫色射线效果

五、创建调整层，制作整体效果

（1）创建调整图层。在图层面板空白处单击右键，选择"新建／调整图层"命令，图层面板如图 2-1-16 所示。

图 2-1-16　创建调整图层

（2）添加 CC Flo Motion（液化流动）特效。选中"调整图层 1"图层，单击右键，选择"效果／扭曲／CC Flo Motion"命令，设置 Knot1 和 Knot2 的参数为"361.0，289.0"和"358.0，289.0"，Amount1 值为"-20.0"，其余参数默认，效果如图 2-1-17 所示。

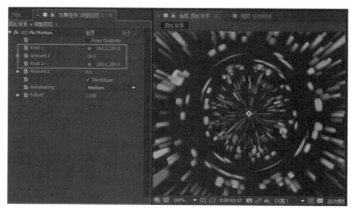

图 2-1-17　CC Flo Motion 参数和效果

（3）添加 CC Tiler（拼贴）特效。选中"调整图层 1"图层，单击右键，选择"效果 /
扭曲 /CC Tiler"命令，单击 Scale（缩放）前的码表 🕐，设置关键帧，如图 2-1-18 所示。

图 2-1-18 添加缩放关键帧

■■■■ 知识窗

在图层面板中，单击 ▶ ■ 6 中向右的三角形按扭，可展开图层属性。如图 2-1-19 所
示是本例中"背景"图层的基本属性，可看到没有添加任何效果的图层，其基本属性有 5
种：锚点、位置、缩放、旋转和不透明度。

图 2-1-19 图层的基本属性

单击属性前的码表 🕐 可设置该属性的关键帧，在不同时间处可修改各种属性的参数值
（参数值可手工输入，也可用鼠标拖动修改），形成动画效果。

打开每种基本属性都有快捷键：锚点（A）、位置（P）、缩放（S）、旋转（R）、不
透明度（T），操作方法是选中此图层，在英文状态下按相应的字母即可，如按字母 P，则
只打开位置属性，如图 2-1-20 所示。

图 2-1-20 快速打开位置属性

给图层添加特效后，特效将作为图层的效果属性存在，要修改此特效既可在效果面板
中进行，也可在图层面板中操作，添加特效的图层面板如图 2-1-21 所示，多了一个"效
果"属性。

图 2-1-21 添加特效的图层面板

（4）添加第 2 个关键帧。设 Scale（缩放）值在 0 s 时为"100%"，拖动时间线到第 2 s，或者单击时间码"0∶00∶00∶00"，输入"200"，显示为"0∶00∶02∶00"，将此处的 Scale 值改为"0.0%"，在时间线上可看到自动添加了一个关键帧，如图 2-1-22 所示。

图 2-1-22　添加第 2 个关键帧

（5）添加其余的关键帧。按同样方法，在第 4 s、第 6 s 处添加关键帧，Scale 值分别设为"30.0%"和"20.0%"，实现缩放动画效果。

（6）修改特效属性。继续设置 CC Flo Motion 特效的 Amount1 值为"-20"，CC Tiler 特效的 Blend w.Original 值为"40.0%"，如图 2-1-23 所示，按空格键预览效果，完成制作。

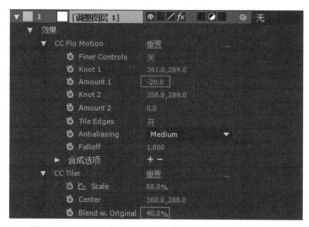

图 2-1-23　调整 Amount1 和 Blend w.Original 值

六、使用 Adobe Media Encoder 导出视频

（1）选择"文件 / 导出 / 添加到 Adobe Media Encode 队列"命令，将自动调用 Adobe Media Encode 软件。如图 2-1-24 所示是该软件的界面。

（2）Adobe Media Encode 的界面由媒体浏览器、预览浏览器、渲染队列和编码面板 4 部分组成，在渲染队列面板中可看到从 AE CC 2015 添加过来的需渲染的视频文件队列。单击霓虹背景下的向下三角形按钮，可调出如图 2-1-25 所示的文件格式有几十种，基本包括了常用的视频和图片格式。在此选择"H.264"，则输出的视频为"mp4"格式。

（3）单击输出文件路径，指定输出的视频文件的存放路径，文件名为"霓虹背景 .mp4"。

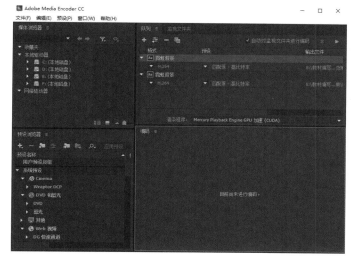

图 2-1-24　Adobe Media Encode 界面

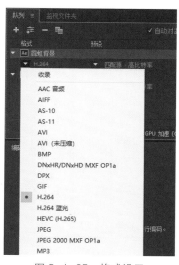

图 2-1-25　格式设置

※※ 阅读有益

Adobe Media Encoder 渲染器

Adobe Media Encoder 是一个非常优秀的音视频编码器，也是 Adobe Creative Cloud 软件套装中的一个软件，能够将多种设备格式的音频或视频进行导出，提供了丰富的硬件设备编码格式设置，以及专业设计的预设设置，方便用户导出与特定交互媒体兼容的文件，同时使用起来简单、方便，是很多专业人员的首选渲染工具。

为了方便使用，需要保证 Adobe Media Encoder 和 Adobe After Effects 的软件版本一致，所以最好安装 Adobe Creative Cloud 软件套装。

在安装单独 Adobe Media Encoder 软件时，要与 Adobe After Effects 安装在同一路径下，否则会出现调用失败。

■ 任务练习

分析"霓虹背景 .mp4"的制作过程，总结技能要点，按照类似的方法制作一个由外向内运动形成的彩色时光隧道效果，效果截图如图 2-1-26 所示。

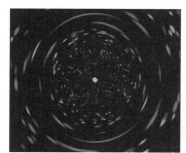

图 2-1-26　时光隧道效果截图

任务二
科技背景——使用预设动画

■ **任务描述**

李渝制作的霓虹背景视频色彩鲜艳，活力十足，符合节目主题，受到师傅的表扬。他还要制作另一个节目现代舞的背景，为了与节目相适应，他决定制作科技类型的背景视频。但时间紧迫，有什么办法能帮助他快速制作呢？

■ **任务分析**

科技背景可以考虑选择绿色、蓝色和紫色，绿色代表清爽、活力，充满希望；蓝色代表博大、永恒，具有科技感；紫色代表神秘和美丽，具有鼓舞性。代表电子、信息的线条也是科技背景的常用元素，因此色彩与变幻的线条进行结合是展示科技背景的惯用手法。以 AE CC 2015 中的预设背景动画为基础，进行修改和叠加特效，可快速、方便地制作出科技背景。

■ **任务目标**

- 学会制作科技背景；
- 学会 AE CC 2015 中预设动画的查找、预览、调用；
- 学会修改特效的参数和关键帧。

■ **任务效果**

视频教学

科技背景

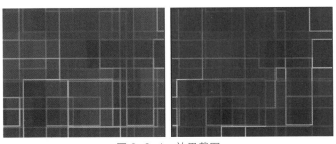

图 2-2-1 效果截图

■ **任务实施**

一、新建合成，创建图层

（1）新建合成。按快捷键"Ctrl+N"新建合成，设置合成名称为"科技背景"，预设为"PAL D1/DV"，持续时间为 8 s。

（2）新建图层。按快捷键"Ctrl+Y"创建一个黑色纯色图层，图层名称改为"背景"，其余参数默认。

■■■■■知识窗

AE CC 2015 动画预设

为提高制作速度，AE CC 2015 提供了十几类动画预置效果，用户可直接使用或简单修改其参数即可制作出漂亮的效果。

1.预设动画种类

AE CC 2015 自带的预设动画有背景、行为、图像、形状、声音特效、文本、变化等几大类，每个类放在一个文件夹中，用户可先预览效果，再选择调用。

2.预设动画的使用方法

将预设动画添加到合成中有两种方法：一种是通过 Bridge（桥），另一种是通过预设面板。前者可直接预览效果，适合初学者；后者只能看到预设动画的名称，因此需要使用者熟悉各个预设动画的效果。

（1）通过 Bridge 加入预设动画

①执行"动画\浏览预设"命令，打开预设动画浏览窗口，每个文件夹包含一个动画预设类。

②单击"Backgrounds（背景）"项，则可在"Content(内容)"栏中看到该类所有预设动画的缩略图，单击某个缩略图，如"丝绸.ffx"，可在右上角的动画预览窗口观看其动画效果，如图 2-2-2 所示。

图 2-2-2　在 Bridge 中查看预设动画

③选到满意的效果后双击，即可将此预设动画添加到当前图层。

（2）通过预设面板添加预设动画

①在效果和预设面板中单击动画预设前的三角形按扭▶，展开动画预设项目，如图 2-2-3 所示。

②继续单击预设项目"Backgrounds"前的三角形按钮▶，可展开该项目下的预设动画列表，如图 2-2-4 所示。

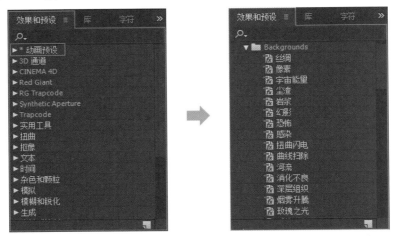

图 2-2-3　动画预设项目　　　　　图 2-2-4　Backgrounds 子项

③选中需要的预设动画，直接拖到合成窗口中，即可将此预设动画添加到当前图层。

二、添加和查看预设动画

（1）按"Home" 键使第 0 帧成为当前帧，在效果和预设面板中，展开"Backgrounds"项目，选择"像素"动画，按住左键，将"像素"动画拖到合成窗口中，如图 2-2-5 所示。

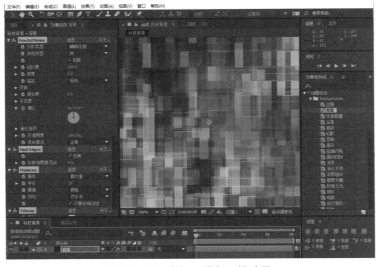

图 2-2-5　给图层添加预设动画

（2）激活时间线面板，按空格键可预览到预设动画的效果。

（3）查看预设动画的特效。在"效果控件"窗口，可见到像素预设动画是由"Fractal Noise""Find Edges""Minimax""Tritone"和"Fractal Noise 2"这 5 个特效组成，如图 2-2-6 所示。

（4）查看预设动画关键帧。选中"背景"图层，在英文状态下，按"U"键可快速查看该层的所有关键帧，如图 2-2-7 所示。

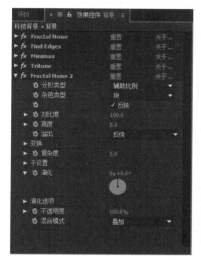

图 2-2-6　像素预设动画的组成特效

图 2-2-7　"背景"图层的关键帧

◎◎ 技能点拨

　　选中图层，在英文状态下按一次"U"键，显示该图层的所有关键帧；再按一次"U"键收起图层属性。连续按两次"U"键打开图层特效中所有修改过的参数。

三、修改预设动画的参数

（1）修改 Fractal Noise 特效。展开 Fractal Noise 特效，将分形类型改为"湍流平滑"，如图 2-2-8 所示。

（2）修改 Minimax 特效。展开 Minimax 特效，将通道改为"颜色"，方向改为"水平和垂直"，半径改为"1"，如图 2-2-9 所示。

（3）修改 Fractal Noise 2 特效。展开 Fractal Noise 2 特效，将分形类型改为"线程"，杂色类型改为"块"，如图 2-2-10 所示。

（4）激活时间线面板，按空格键预览修改后的动画效果，如图 2-2-11 所示是第 3 s 处的合成窗口效果。

图 2-2-8　修改 Fractal Noise 特效　　　　　图 2-2-9　修改 Minimax 特效

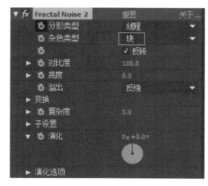

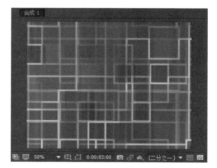

图 2-2-10　修改 Fractal Noise 2 特效　　图 2-2-11　第 3 s 处的合成窗口效果

四、修改预设动画的关键帧

（1）修改关键帧位置。选中"背景"图层，按"U"键查看该层的所有关键帧，发现只有在关键帧之后，图中的线条才会旋转。用鼠标框选所有的关键帧，将其移动到第 1 s 处，让线条在第 1 s 处开始运动，如图 2-2-12 所示。

（2）修改 Tritone 特效，添加颜色关键帧。单击时间码，修改为"0:00:01:00"，分别单击 Tritone 特效下的"高光""中间调"和"阴影"前的码表，添加颜色关键帧，如图 2-2-13 所示。

图 2-2-12　调整关键帧位置　　　　　　图 2-2-13　修改 Tritone 特效

（3）制作蓝色线条。单击时间码，修改为"0:00:05:00"，将高光的颜色值改为"#6DB0BC"，中间调的颜色值改为"#1E3580"，阴影的颜色值改为"#0D0D3E"，如图 2-2-14 所示。预览可见绿色线条在运动时变成蓝色。

（4）制作紫色线条。单击时间码，修改为"0:00:07:00"，将高光的颜色值改为"#B96DBC"，中间调的颜色值改为"#781E80"，阴影的颜色值改为"#3A0D3E"，如图 2-2-15 所示。

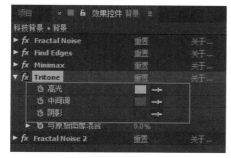

图 2-2-14　制作蓝色线条

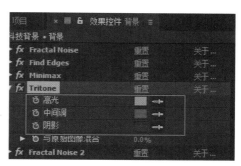

图 2-2-15　制作紫色线条

五、保存、收集与导出

（1）选择"文件＼保存"命令（快捷键"Ctrl+S"），以名称"科技背景 .aep"保存项目文件。

（2）选择"文件＼整理工程（文件）＼收集文件…"命令收集文件素材，增加文件的可移植性。

（3）将合成导出为"科技背景 .mp4"文件。

■ **任务练习**

利用预设动画中的"扭曲闪电"动画，制作"多色闪电"影片效果，效果截图如图 2-2-16 所示。

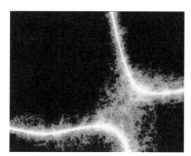
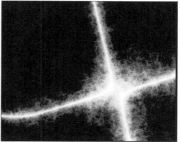

图 2-2-16　"多色闪电"效果截图

■ 核心能力检测

1.AE CC 2015 中常用的 7 种图层类型是文本、纯色、_____、

_____、_____、_____、_____。

2. 浏览预设动画可以通过执行"_____\ 浏览预设"命令实现，但要实现此操作，必须安装 _____ 软件。

3. 在 AE CC 2015 中，选中图层后，要复制并粘贴一个图层，可以使用的组合键是 _____。

4. 图层是构成合成的元素，如果没有图层，合成就是一个 _____。

5. 在 CC Light Burst 2.5 特效中设置光线长度是用（   ）参数。

A.Center B.Intensity C.Ray Length D.Burst

6. 要查看图层的所有关键帧，可选中图层后按（   ）键。

A.G   B.U   C.Y   D.L

7. 结合本项目的相关知识，利用预设动画，制作 5 s 的"宇宙能量"背景视频，效果截图如图 2-2-17 所示。

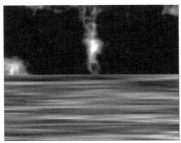

图 2-2-17 "宇宙能量"效果截图

项目三
特效文字爽歪歪

■ **项目概述**

 视频画面是丰富多彩的，但有时观众的想象力也会被画面所束缚，文字描述则更能让人产生联想，恰好能够弥补这个缺陷。视频中的文字可起到传播信息、提示重点、解释说明等作用，好的文字特效和视频画面结合能产生更强的视觉冲击力，给人更丰富的体验。

 本项目介绍了 AE CC 2015 软件中新建文本图层、输入文字和设置字体格式的方法，重点讲述了设置文本图层的属性、导入文本预设动画和制作文字特效的方法。

 通过本项目的学习，读者应能正确输入和编辑视频文字，能用预设文本属性快速制作文字动画，能将特效与文字结合制作出唯美的特效文字。

■ **技能训练点**

 ◇能输入和编辑视频文本；

 ◇能使用文本预设动画；

 ◇能用泡沫特效制作气泡文字。

■ **学时建议**

 理论：2 学时；实训：4 学时。

任务一
青春纪念册——使用文本预设动画

■ 任务描述

瀚道影视公司接到一个制作"大学毕业 10 周年聚会"视频的业务，视频内容为回忆昔日同学之谊，以此增进同学间的情感，希望大家以后加强联系。师傅让李渝做一个片头视频。

■ 任务分析

根据视频的不同要求，视频中的文字特效通常可以采用自主设计、修改模板和使用文本预设动画 3 种方式来完成。对于要求较高的广告、影视剧中的文字，制作人员需结合主题重新设计原创动画效果；对于公司宣传片、人物介绍短片中的文字，可以套用常见动画模板，再根据画面内容调整文字内容和动画效果；对于要求不高的一般视频中的文字，可以直接使用 AE CC 2015 自带的文本预设动画进行制作，文本预设动画也相当于简单的动画模板。

■ 任务目标

- 学会 AE CC 2015 中文字的输入与编辑；
- 学会使用、修改文本预设动画。

■ 任务效果

视频教学

青春纪念册

图 3-1-1　效果截图

■ 任务实施

一、新建合成，导入素材

（1）按快捷键"Ctrl+N"新建合成，设置合成名称为"青春纪念册"，预设为"HDV/HDTV 720 25"，持续时间为 12 s，如图 3-1-2 所示。

（2）导入素材。按快捷键"Ctrl+I"导入素材"视频背景.mp4"到项目面板中，如图 3-1-3 所示。

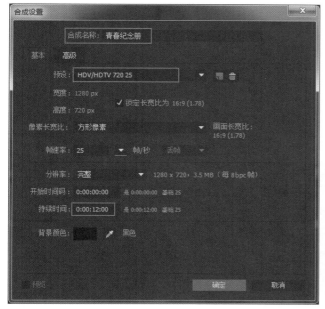

图 3-1-2 "合成设置"对话框

图 3-1-3 项目面板

（3）在项目面板中选中素材"视频背景.mp4"，按住鼠标左键，将其拖入到合成中，此时，图层面板如图 3-1-4 所示。

图 3-1-4 图层面板

二、编辑文字

（1）新建文字图层。选中工具栏中的文字工具 **T**（快捷键"Ctrl+T"），将光标移动到合成窗口中，单击新建文字图层，准备输入文字。此时，在图层面板中将出现一个文字图层，如图 3-1-5 所示。

图 3-1-5 文字图层

◎◎ 技能点拨

> 新建文字图层的其他方法：
> ◇执行"图层 / 新建 / 文本"命令；
> ◇按快捷键"Ctrl+Alt+Shift+T"。

（2）输入文字。将输入法切换为中文输入法，输入文字"10 年风雨兼程，10 年转瞬即逝"，并在字符面板中设置文字的格式，参数设置如图 3-1-6 所示，效果如图 3-1-7所示。

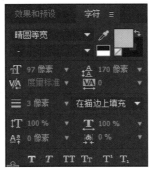

图 3-1-6　字符参数设置　　　　　　　　　图 3-1-7　文字效果

◎◎ 技能点拨

> 要了解字符面板中各个参数的作用，可将光标放在相应的参数上，软件会自动弹出相应的提示，如图 3-1-8 所示。

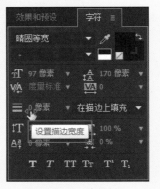

图 3-1-8　功能提示

三、添加文本的预设动画

（1）选择"动画 / 浏览预设..."命令，打开 Adobe Bridge CC 软件，界面如图 3-1-9所示。

（2）预览文本预设动画。打开"Text"文件夹下的"3D Text"文件夹，选中"3D位置解析 .ffx"预设动画，在右侧的预览面板中可以观看动画效果，如图 3-1-10 所示。

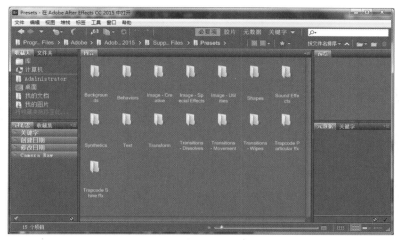

图 3-1-9 Adobe Bridge CC 界面

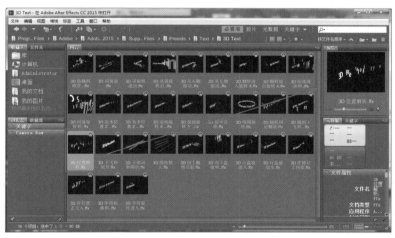

图 3-1-10 预览文字预设动画

（3）修改文字图层入点。在图层面板中选中文字图层，将时间指示器定位在第 2 s 的
位置，用鼠标拖动入点到此处（快捷键"Alt+［"），如图 3-1-11 所示。

图 3-1-11 修改起始时间

◎◎ 技能点拨

图层的起点称为入点，结束点称为出点。改变出点的快捷键是"Alt+］"。

（4）添加文本进入动画。选中文字图层，保持时间指示器在第 2 s 的位置，在 Adobe
Bridge CC 中双击"3D 位置解析 .ffx"预设动画，界面自动跳回到 AE CC 2015 中，如图

3-1-12 所示。此时，预设文本动画已添加到文字图层上，动画开始时间为添加效果前时间指示器所在的位置（第 2 s）。

图 3-1-12　添加文本预设动画

（5）添加文本退出动画。选中文字图层，将时间指示器移动到第 5 s 的位置，继续为文字图层添加 Adobe Bridge CC 的"Text/Animate Out" 文件夹中的"缓慢淡出 .ffx"预设文字退出动画，界面自动跳回到 AE CC 2015 中。选中文字图层，按"U"键，图层时间线面板如图 3-1-13 所示。

图 3-1-13　添加文本退出动画

四、修改和删除文本预设动画

（1）选中文字图层退出动画的最后一个关键帧，移动关键帧到第 6 s 的位置，缩短文字退出动画的持续时间，如图 3-1-14 所示。

图 3-1-14　缩短退出动画时间

◎◎技能点拨

　　调整文本预设动画的播放速度：选中文字图层，按"U"键显示关键帧，调节两个关键帧之间的距离，距离越近文本动画的播放速度越快。

　　（2）新建第二个文字图层。新建文字内容为"母校的每个角落里都珍藏着我们的友谊"的文字图层，调整图层的开始位置为第 7 s，文字格式同第一个文字图层中的文字格式一致，效果如图 3-1-15 所示。

图 3-1-15　文字效果

　　（3）为文字图层添加预设进入动画。选中"母校的每个角落…"文字图层，将时间指示器定位在第 7 s 的位置，添加 "Text/Animate In"文件夹中的"打字机 .ffx"动画。选中"母校的每个角落…"文字图层，按"U"键，显示图层的关键帧，调整文字进入动画的持续时间为 2 s，如图 3-1-16 所示。

图 3-1-16　文字进入动画

　　（4）为文字图层添加预设退出动画。选中"母校的每个角落…"文字图层，将时间指示器定位在第 10 s 的位置，添加"Text/Animate Out"文件夹中的"伸缩每行 .ffx"动画，调整文字退出动画的持续时间为 1 s，如图 3-1-17 所示。

图 3-1-17　文字退出动画

删除预设动画

（1）选中需要删除动画的文字图层，单击图层前的三角形按钮▶，如图 3-1-18 所示。

图 3-1-18　文字图层属性

（2）单击文本属性前的三角形符号▶，"动画 1"对应的是文字图层的进入动画。如需删除预设动画，直接选中"动画 1"，按"Delete"键即可删除对应的预设动画。部分制作复杂的预设动画可能包含不止一个动画，可将所有添加的动画删除，并重置图层的变换属性，使文字图层重回初始状态，如图 3-1-19 所示。

图 3-1-19　删除文字图层的预设动画

五、保存、收集与导出

（1）选择"文件\保存"命令，以名称"青春纪念册 .aep"保存项目文件。

（2）选择"文件\整理工程（文件）\收集文件..."命令收集文件素材，增加文件的可移植性。

（3）将合成导出为"青春纪念册 .mp4"文件。

学 无 坦 途

There is no

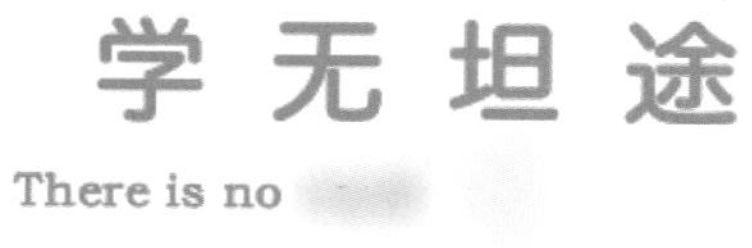

图 3-1-20　文本动画效果截图

■ 任务练习

利用文本预设动画中的"按单词模糊"动画制作一个文本动画，效果截图如图 3-1-20 所示。

◆》》》 任务二
善读医愚——创建文本属性动画

■ 任务描述

瀚道影视公司接到启智书店周年庆宣传片的制作业务，要求传达"善读医愚"的书店文化，即"书犹药也，善读之可以医愚"。师傅让李渝在宣传片中用文本属性动画来展现书店的经营理念，李渝准备用"文字散聚"效果来制作相关内容。

■ 任务分析

"文字散聚"效果即把散落在各个位置上的文字，经过大小、旋转、位置的不规则变化后聚集成规则的一行或多行文字。在 AE CC 2015 的文字图层特有的"文本"属性中有路径选项和动画按钮，利用路径选项可将文字按指定的路径分布，利用动画按钮可添加文字的旋转、缩放、位置等多种属性效果，再用关键帧动画即可实现各种变化。

■ 任务目标

- 认识 AE CC 2015 的文字动画制作器；
- 学会使用文字动画制作器制作文本属性动画。

■ 任务效果

视频教学

图 3-2-1 效果截图

善读医愚

■ 任务实施

一、新建合成，导入素材

（1）新建合成。按快捷键"Ctrl+ N"新建合成，设置合成名称为"善读医愚"，宽度为"720"，高度为"576"，持续时间为 6 s，如图 3-2-2 所示。

（2）导入素材。按快捷键"Ctrl+I"导入素材"背景 .jpg"，如图 3-2-3 所示。

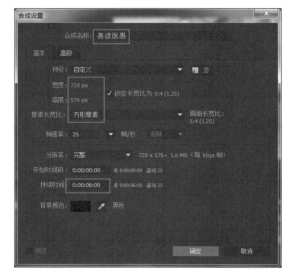

图 3-2-2 "合成设置"对话框

图 3-2-3 项目面板

二、制作背景

（1）在项目面板中选中素材"背景.jpg"，按住鼠标左键，将其拖入到合成的图层面板中，如图 3-2-4 所示。

图 3-2-4 图层面板

图 3-2-5 设置特效参数

（2）选中"背景.jpg"图层，添加"效果/模糊与锐化/高斯模糊"特效，在特效属性中设置模糊度为"5.0"，如图 3-2-5 所示。

三、编辑文字

（1）新建文字图层。按快捷键"Ctrl+T"激活文字工具，在合成窗口中输入文字"书犹药也，善读之可以医愚"，文字效果和参数设置分别如图 3-2-6、图 3-2-7 所示。

图 3-2-6 文字效果

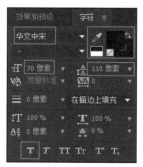

图 3-2-7 字符参数

（2）制作文字渐变效果。选中文字图层，添加"效果 / 生成 / 梯度渐变"特效，设置特效参数如图 3-2-8 所示。

（3）制作立体投影效果。选中文字图层，添加"效果 / 透视 / 斜面 Alpha"和"效果 / 透视 / 投影"2 个特效，设置特效参数如图 3-2-9 所示，文字效果如图 3-2-10 所示。

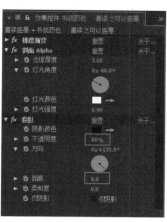

图 3-2-8　设置特效参数　　　图 3-2-9　设置特效参数　　　图 3-2-10　文字效果

四、制作文本属性动画

（1）添加动画制作器。展开文字图层属性，单击 动画: ▶ 中的三角形按钮，在弹出的菜单中选择"位置"，添加动画制作工具，图层面板如图 3-2-11 所示。

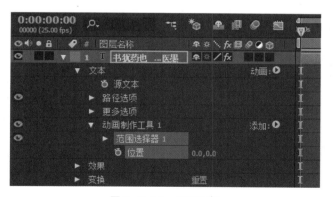

图 3-2-11　图层面板

■■■■知识窗

动画制作器是 AE CC 2015 中文本图层特有的动画制作工具，效果的默认范围是整个图层，也可以设置范围，创建精致的文字动画。

动画制作器有多种属性，单击 动画: ▶ 中的三角形按钮，可以看到软件自带的属性，如图 3-2-12 所示。

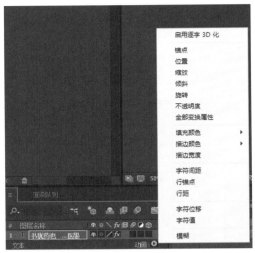

图 3-2-12　动画制作器属性

（2）添加旋转和缩放属性。单击动画制作工具 1 右边的 添加:⊙ 中的三角形按钮，继续选择弹出菜单中的"旋转""缩放"属性，图层面板如图 3-2-13 所示。

提示：当多个动画制作器属性在同一个动画制作器中时，称为动画制作工具组。

（3）修改动画制作工具组中位置、缩放、旋转的参数值，如图 3-2-14 所示。

图 3-2-13　添加旋转和缩放属性

图 3-2-14　修改参数值

（4）添加摆动选择器。单击 添加:⊙ 中的三角形按钮，选择"选择器 / 摆动"命令，如图 3-2-15 所示。按空格键可预览文字动画效果。

图 3-2-15　添加摆动选择器

■■■■ 知识窗

动画选择器

动画制作器中有3种动画选择器：范围选择器、摆动选择器、表达式选择器。

◇范围选择器：指定动画器属性影响的字符范围。

◇摆动选择器：字符随时间的推移产生变化的程度。

◇表达式选择器：动态指定字符受动画制作器属性影响的程度。

制作动画时，通常用动画器属性的结束值来确定动画变化的程度，设置选择器的关键帧来决定动画的时间和范围。

（5）添加动画关键帧。展开范围选择器，将时间指示器移到第4 s处，单击范围选择器中起始前的码表⏱，添加关键帧，图层时间线面板如图3-2-16所示。

图 3-2-16　添加关键帧

（6）将时间指示器移到第5 s，修改起始值为"100%"，软件自动生成关键帧，图层时间线面板如图3-2-17所示。单击空格键预览文字动画效果。

图 3-2-17　修改起始参数值

五、保存、收集与导出

（1）选择"文件\保存"命令，以名称"善读医愚.aep"保存项目文件。

（2）选择"文件\整理工程（文件）\收集文件..."命令收集文件素材，增加文件的可移植性。

（3）将合成导出为"善读医愚.mp4"文件。

■ 任务练习

利用文本动画制作器制作彩色小球随机跳动的动画，效果截图如图 3-2-18 所示。

图 3-2-18　彩色跳动小球效果截图

任务三
气泡文字——创建文字特效动画

■ 任务描述

在启智书店周年庆宣传片中有一些镜头，需要展现读者的感受和心情。师傅让李渝制作表现读者阅读书籍后心情愉悦的场景，李渝想到了童年吹泡泡、放风筝的美好画面，如果在泡泡中添加表达心情的文字，可以更加生动活泼地展现读者的感受。

■ 任务分析

制作飞舞的气泡，带着文字同步飞翔的效果，可使用 AE CC 2015 中的"泡沫"滤镜。"泡沫"滤镜可以发射小水滴、小雨、海藻等纹理泡沫，也可以自定义泡沫类型，如花瓣、文字等，当两个图层中不同纹理泡泡的参数相同时，就可以同步运行，产生奇特效果。

■ 任务目标

- 学会设置泡沫特效的参数；
- 学会使用特效制作文字动画效果。

■ 任务效果

视频教学

气泡文字

图 3-3-1 效果截图

■ 任务实施

一、导入素材，新建合成

（1）导入素材。启动 AE CC 2015 软件，按快捷键"Ctrl+I"导入图片素材"背景 .jpg"和"小女孩 .png"，如图 3-3-2 所示。

（2）新建合成。在项目面板中选中素材"背景 .jpg"，按住鼠标左键拖到"新建合成"按钮上放开，如图 3-3-3 所示，创建"背景"合成。选中"背景"合成，按"Enter"键重命名为"气泡文字"。

图 3-3-2 导入素材　　　　　　　　　图 3-3-3 创建合成

二、制作气泡

（1）将素材"小女孩 .png"拖入到"气泡文字"合成中，图层面板如图 3-3-4 所示。

图 3-3-4 图层面板

（2）选中"小女孩.png"图层，移动图层到画面的右下角，效果如图 3-3-5 所示。

（3）按快捷键"Ctrl+Y"新建黑色纯色图层，命名为"气泡"，参数设置如图 3-3-6 所示。

图 3-3-5　合成预览窗口

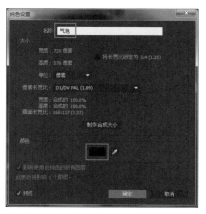

图 3-3-6　纯色图层设置

（4）选中"气泡"图层，添加"效果 / 模拟 / 泡沫"特效，参数设置如图 3-3-7 所示。拖动时间指示器移到第 3 s 处，可看到如图 3-3-8 所示效果。

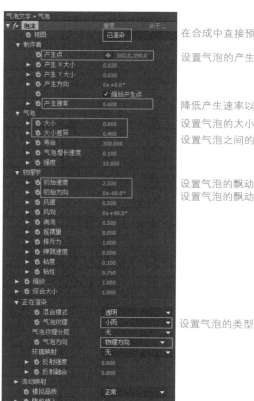

图 3-3-7　特效参数设置

图 3-3-8　合成画面

三、制作气泡文字

（1）单击工具栏中的文字工具按钮 ，在画面的中间位置输入文字"Happy"，颜色为"白色"，字号为"160 px"，效果如图 3-3-9 所示。

（2）选中文字图层，添加"效果/扭曲/凸出"特效，设置水平半径为"450"，效果如图 3-3-10 所示。

图 3-3-9　文字效果　　　　　　图 3-3-10　凸出特效

◎◎ 技能点拨

　　添加"凸出"特效是为了制作出文字在球体内的变形效果，使特效符合自然现象。

（3）选中文字图层，按快捷键"Ctrl+Shift+C"生成预合成，并关闭图层显示，图层面板如图 3-3-11 所示。

图 3-3-11　图层面板

（4）选中"气泡"图层，按快捷键"Ctrl+D"复制图层，重命名图层为"气泡文字"，如图 3-3-12 所示。

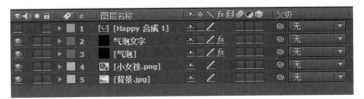

图 3-3-12　复制图层后的面板

（5）修改"气泡文字"图层中"泡沫"特效的参数，如图 3-3-13 所示。这时，"气泡文字"图层中的气泡就变成了文字。"气泡文字"图层中的文字和"气泡"图层中的气泡叠加在一起，它们的动画效果一样，就形成了内有文字的气泡，如图 3-3-14 所示。

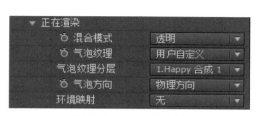

图 3-3-13　修改参数

图 3-3-14　气泡文字

四、保存、收集与导出

（1）选择"文件\保存"命令，以名称"气泡文字.aep"保存项目文件。

（2）选择"文件\整理工程（文件）\收集文件..."命令收集文件素材，增加文件的可移植性。

（3）将合成导出为"气泡文字.mp4"文件。

图 3-3-15　"欢乐热气球"效果截图

■ 任务练习

根据本任务所学的知识和技能，制作"欢乐热气球"视频，效果截图如图 3-3-15 所示。

■ 核心能力检测

1. 添加文本预设动画主要可以通过 Bridge 软件和_____面板两种方式实现。

2. 按_____键可仅显示设置了关键帧的图层属性；按_____键，显示修改过数值的图层属性。

3. AE CC 2015 的动画制作器中有 3 种动画选择器：范围选择器、_____和表达式选择器。

4. 修改合成设置的快捷键是_____。

5. 制作"祖国万岁"祝福视频，效果截图如图 3-3-16 所示。

图 3-3-16　"祖国万岁"效果截图

项目四
形状蒙版遮遮掩

■ 项目概述

　　从二维动画影片《大闹天宫》到三维动画影片《哪吒之魔童降世》，动漫影片已不再是儿童的独爱。影片中超清的唯美场景、卡通人物的细微表情，都可用形状工具来绘制。使用形状工具在已有对象的图层中绘制时，会自动形成图层蒙版，产生半遮半现的遮罩效果，再结合遮罩特效，就能制作出极富视觉冲击力的画面。

　　本项目介绍了在 AE CC 2015 中利用形状工具绘制二维图形、卡通人偶的方法，利用操控点工具让图形运动起来的技巧和遮罩的创建和应用方法。

　　通过本项目的学习，读者应能掌握形状工具和操控点工具的应用，能绘制图层蒙版动画，制作遮罩特效视频。

■ 技能训练点

　　◇能使用形状工具绘制创意二维图形和蒙版；

　　◇能使用操控点工具；

　　◇能制作蒙版动画；

　　◇能制作遮罩特效视频。

■ 学时建议

　　理论：3 学时；实训：4 学时。

任务一
公园的早晨——形状工具的应用

■ 任务描述

瀚道影视公司承接了一个制作动画片的业务，师傅要求李渝绘制一幅早晨的花园场景，为了后期调用方便，李渝决定直接在 AE CC 2015 中绘制。

■ 任务分析

利用 AE CC 2015 的形状工具不仅可以绘制矩形、圆形、多边形、不规则图形等，还可以为图形填充颜色，只要将这些图形进行创意组合，就能制作出一幅精彩的故事场景。

■ 任务目标

- 学会使用形状工具创建形状图层；
- 学会添加形状图层的特效属性；
- 学会用不同形状图层搭建创意场景。

视频教学

■ 任务效果

公园的早晨

图 4-1-1　效果截图

■ 任务实施

一、新建合成，创建背景

（1）按快捷键"Ctrl+N"新建合成，设置合成名称为"花园一角"，预设为"HDV/HDTV 720 29.97"，持续时间为 8 s，如图 4-1-2 所示。

（2）按快捷键"Ctrl+Y"新建纯色图层，命名为"背景"，给"背景"图层添加"效果 / 生成 / 梯度渐变"特效，设置开始颜色为"#4FF7F5"，结束颜色为"#B68D11"，效果如图 4-1-3 所示。

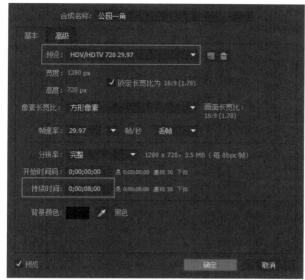

图 4-1-2　"合成设置"对话框

图 4-1-3　背景效果

二、绘制草坪

（1）设置填充颜色。锁住"背景"图层，选择工具栏中的钢笔工具，单击 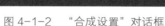 中的"填充"文字，选择填充方式为线性渐变，如图 4-1-4 所示；单击 填充 中的颜色块，在弹出的对话框中设置填充颜色，如图 4-1-5 所示。

图 4-1-4　填充选项

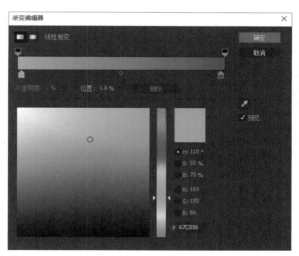

图 4-1-5　设置渐变颜色

（2）设置边框样式。单击 描边 0像素 中的"描边"文字可设置边框样式为 ◿ ，无填充，宽度为"0"，表示无边框。

（3）绘制草坪形状。在合成窗口中绘制一个由浅绿到深绿的草地形状，拖动调色起点或终点，可调节渐变颜色的方向和强度，如图 4-1-6 所示，并将此图层名称改为"草地"。

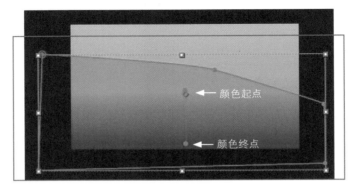

图 4-1-6 草坪形状

（4）修饰草坪。选中"草地"图层，展开图层属性，单击"添加"后的三角形按扭，在出现的菜单中选择"Z 字形"（将草坪边缘变成统一的锯齿形状），如图 4-1-7 所示。

图 4-1-7 添加"Z 字形"属性

（5）展开锯齿 1 属性，设置参数如图 4-1-8 所示，修饰后的草坪效果如图 4-1-9 所示。

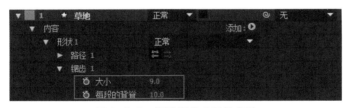

图 4-1-8 设置锯齿 1 属性参数

图 4-1-9 修饰后的草地效果

三、绘制紫色五瓣花

（1）绘制一朵紫色五瓣花。为便于操作，锁住"背景"图层和"草地"图层，长按工具栏上的矩形工具，在出现的工具中选择多边形工具，如图 4-1-10 所示，在合成窗口中绘制一个没有边框的五边形，此时自动生成一个形状图层，将图层名称改为"紫色花"，五边形效果如图 4-1-11 所示；添加"收缩和膨胀"属性，设置其数量为"100"，效果如图 4-1-12 所示。

（2）制作一排紫色五瓣花。继续添加"中继器"属性，设置副本为"9.0"，比例为

图 4-1-10　多边形工具

图 4-1-11　五边形

图 4-1-12　五瓣花

"86.0，86.0%"，如图 4-1-13 所示。

（3）调整合成窗口中的花瓣位置，使之位于草坪的中上方，注意只有草坪上才有，调节花瓣的大小和中继器的副本数量，效果如图 4-1-14 所示。

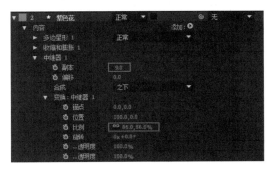
图 4-1-13　中继器参数设置

图 4-1-14　一排紫色五瓣花效果

四、绘制红黄小花

（1）绘制红黄小花外层。锁住"紫色花"图层，在合成窗口中绘制一个红色无边框矩形，添加"收缩和膨胀"属性，设置其数量为"100"，使其变成一朵四瓣花，如图 4-1-15 所示。

（2）绘制红黄小花内层。展开图层属性，选中"矩形 1"，按快捷键"Ctrl+D"复制一份，展开"矩形 2"的变换属性，修改比例为"60.0，60.0%"，并设置"矩形 2"的填充色为黄色，效果如图 4-1-16 所示。

（3）绘制花芯。用椭圆工具在黄色花上绘制一个球形，颜色为红黄径相渐变，效果如图 4-1-17 所示。

图 4-1-15　红黄花外层

图 4-1-16　红黄花内层

图 4-1-17　花芯

（4）修改图层名称为"红黄小花"，图层属性参数如图 4-1-18 所示。

（5）绘制花根。用矩形工具在花瓣下面绘制矩形，颜色为浅绿色到深绿色的线性渐

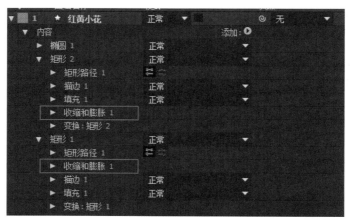

图 4-1-18 图层属性参数

变，添加"扭转"属性，扭转角度为"10"，调整位置到红色花下面，效果如图 4-1-19 所示。

（6）制作一排红黄小花。调整红黄小花的位置，使之位于合成窗口的左下角，添加"中继器"属性，设置副本为"15.0"，比例为"85.0，85.0%"，合成窗口效果如图 4-1-20 所示。

图 4-1-19 红黄小花

图 4-1-20 一排红黄小花效果

五、绘制小路

（1）绘制六边形地砖。锁住所有图层，用多边形工具 在合成窗口的两排花之间绘制一个五边形，修改多边形点数为"6.0"，使之变成六边形，修改图层名称为"路"，参数设置如图 4-1-21 所示，调整填充颜色实现如图 4-1-22 所示的地砖效果。

图 4-1-21 修改五边形参数

图 4-1-22 六边形地砖效果

（2）制作一排小路。添加"中继器"属性，设置副本为"13.0"，比例为"99.0，93.0%"，调整位置和大小，最后效果如图4-1-23所示。

提示：根据场景需要，适当调整各图层的位置，使画面更具立体感。

图4-1-23　小路效果

六、绘制小树

（1）新建"树"图层。新建形状图层，修改名称为"树"。

（2）绘制树叶。锁住所有图层，单击图层独奏按钮 ◉，用钢笔工具绘制如图4-1-24所示的树叶形状，填充由中心向外的浅绿色到深绿色颜色。

（3）绘制树干。继续用钢笔工具绘制树干，填充颜色为黄色到土黄色渐变，拖拉调色调整点移动位置，改变渐变效果，如图4-1-25所示。

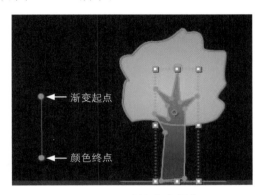

图4-1-24　树叶　　　　图4-1-25　树干颜色调整

（4）取消独奏，将树放置于合成窗口右边的恰当位置，调整图层顺序，如图4-1-26所示，公园一角场景绘制完成。

图4-1-26　图层面板

七、制作微风效果

（1）制作红黄小花轻轻摆动效果。选中"红黄小花"图层，单击"添加"后的三角形按钮，添加"扭转"属性，设置扭转角度关键帧动画，如图4-1-27所示；在第0 s、第2s、第4s、第6s和第8s处添加关键帧，设置第0s、第4s、第8s处的角度为"-20.0"，设置第2s和第6s处的角度为"20"，实现红黄小花轻轻摆动效果。

图4-1-27　设置第0s处关键帧

（2）制作紫色花轻轻摆动效果。选中"紫色花"图层，按第（1）步的操作方法，制作紫色花轻轻摆动效果。

八、保存、收集与导出

（1）选择"文件\保存"命令，以名称"公园的早晨.aep"保存项目文件。

（2）选择"文件\整理工程（文件）\收集文件…"命令收集文件素材，增加文件的可移植性。

（3）将合成导出为"公园的早晨.mp4"文件。

■ 任务练习

结合本任务所学知识和技能，参考"动感简笔画.mp4"样片，制作自己的动感简笔画动画。样片效果截图如图4-1-28所示。

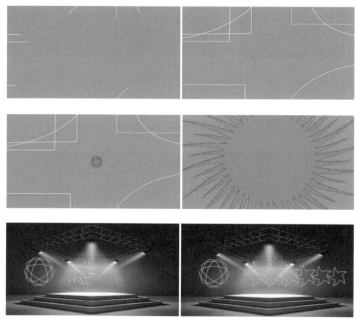

图4-1-28　"动感简笔画"效果截图

任务二
拾金不昧卡通人——操控点工具的应用

■ 任务描述

　　师傅看了李渝制作的公园场景比较满意，场景构图、色彩都符合动画片要求，并且具有故事感，他建议李渝添加一些动感人物，续写镜头故事。李渝上网查找，在"MICU 设计"设计网找到一个小人手持手机的"卡通人.psd"素材，他非常喜欢，于是决定添加一个小人捡到手机，举着手机沿公园小路奔跑寻找失主的故事。

■ 任务分析

　　制作人物运动效果，首先要确定运动的方式，然后分析身体的运动部位，一般把运动部位单独放置在一个图层，最后根据运动规律制作动作。在 AE CC 2015 中制作动作时可以用关键帧动画改变位置来实现，也可以用专有的操控点工具来完成。

■ 任务目标

- 学会操控点工具的使用和调整；
- 掌握人物奔跑时手臂摆动的规律。

■ 任务效果

图 4-2-1　效果截图

视频教学

拾金不昧卡
通人

■ 任务实施

一、创建项目，导入素材

　　（1）创建项目。打开"公园的早晨.aep"文件，执行"文件/另存为…"命令，将文件保存为"晨练的卡通人.aep"。

　　（2）导入素材。按快捷键"Ctrl+I"导入素材"卡通人.psd"，导入选项设置如图

4-2-2 所示，软件会自动创建"卡通人"合成和文件夹，双击"卡通人"合成，能看到如图 4-2-3 所示的图层内容，可在此合成中制作动画。

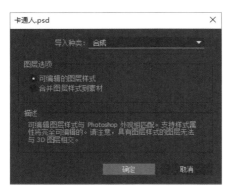

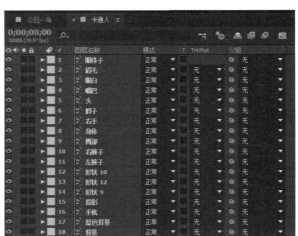

图 4-2-2　psd 文件导入设置　　　　　　　图 4-2-3　图层面板

◎◎ 技能点拨

在实际工作中，静态图片制作和后期动画制作是分工进行的，画图人员用 Adobeillustrator、Photoshop 制作好静态图片后，交给后期制作人员，再使用 After Effects、EDIUS、3D Studio Max 等软件制作成动画。这样专人专做，可提高工作效率，而且为了方便后期制作人员使用，静态图片都要制作成分层素材。

二、分析整理素材

（1）分析动画。本动画是跑步运动，远镜头，无特写，素材中的内容细分为多个图层，本动画需要运动的部位是左手、左腿和右腿，因此需要将不动的图层合并，多余的图层删除。

（2）删除多余图层并调整图层顺序。删除"背景""蓝色背景"和"投影"3 个图层。修改"形状 9""形状 10""形状 12"图层的名称为其对应的身体部位。将不动的图层调整到一起，如图 4-2-4 所示。

（3）合并不动的图层。选中第 1 号至第 12 号图层，执行"图层 / 预合成"（快捷键"Ctrl+Shift+C"）命令，新合成名称为"预合成 1"，如图 4-2-5 所示。

三、制作第一个动作

（1）制作左手的摆动动画。选中"左手"图层，单击操控点工具按钮，设置扩展为"1"，三角形为"20"，如图 4-2-6 所示，分别在肩膀、手臂、手掌处单击，创建 3 个操控点，打开"左手"图层的效果属性，可见如图 4-2-7 所示的 3 个操控点属性。

（2）记录左手摆动动画。将时间指示器移到第 0 s，按住"Ctrl"键，单击某个操控

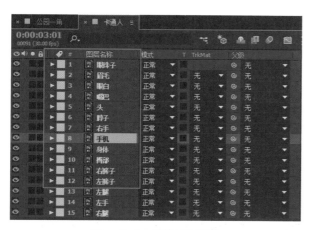

图 4-2-4　调整后的图层

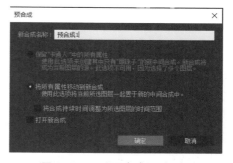

图 4-2-5　"预合成"对话框

图 4-2-6　操控点属性设置

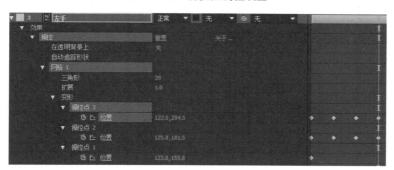

图 4-2-7　操控点属性

点，鼠标变成秒表形状。移动操控点，自动记录操控点的位置变化，当动画制作完成后，就能在时间线上看到操控点的位置变化关键帧，在合成窗口中可看到操控点移动的轨迹线。

（3）查看和调整左手关键帧。在英文输入状态下按两次"U"键，可看到自动记录的关键帧，把记录的关键帧移动到第 0 帧、第 10 帧、第 20 帧和第 30 帧处，并且给未移动的操控点 1 加关键帧，如图 4-2-8 所示。

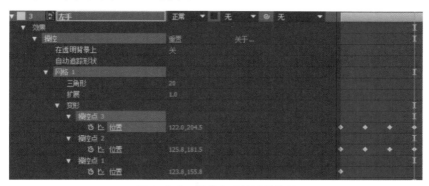

图 4-2-8　调整左手关键帧位置

（4）查看和调整左手运动轨迹。用选取工具单击合成窗口中的操控点 3，看到该操控点的运动轨迹如图 4-2-9 所示，用修改路径的方法调整此轨迹，让运动自然平滑。

（5）制作左腿的摆动动画。选择“左腿”图层，用相同的方法添加 3 个操控点，如图 4-2-10 所示；按住“Ctrl”键，自动记录操控点 2 的运动轨迹，如图 4-2-11 所示；左腿操控点 3 的运动轨迹如图 4-2-12 所示。

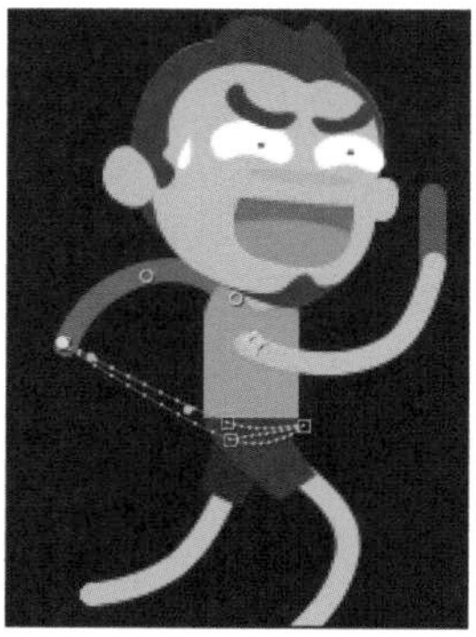

图 4-2-9　操控点 3 的运动轨迹

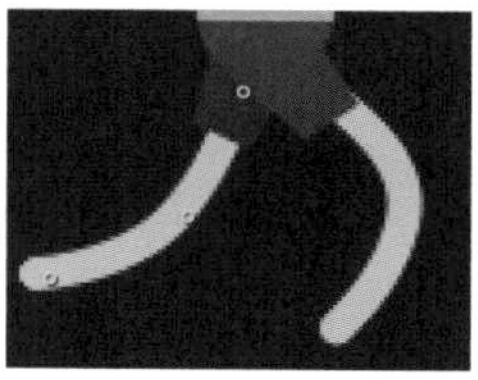

图 4-2-10　左腿操控点

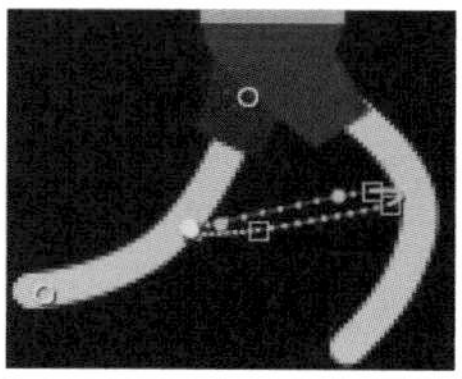

图 4-2-11　操控点 2 的运动轨迹

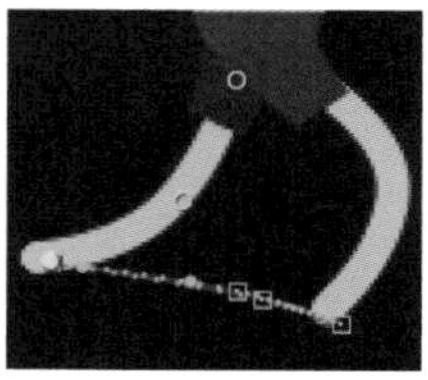

图 4-2-12　操控点 3 的运动轨迹

（6）查看和调整左腿关键帧。把记录的关键帧移动到第 0 帧、第 10 帧、第 20 帧和第 30 帧处，并给未移动的操控点 1 加关键帧。

（7）制作右腿的摆动动画。选择“右腿”图层，用相同的方法添加 3 个操控点，如图 4-2-13 所示；按住“Ctrl”键，自动记录操控点 2 的运动轨迹，如图 4-2-14 所示；右腿操控点 3 的运动轨迹如图 4-2-15 所示。

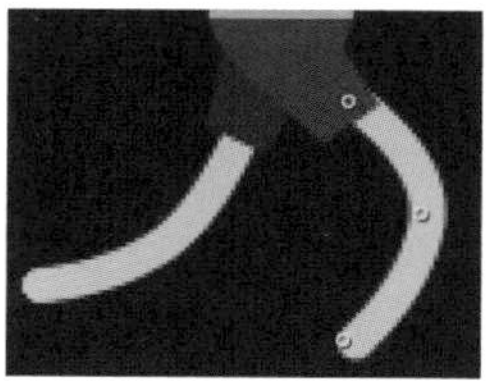

图 4-2-13　右腿操控点

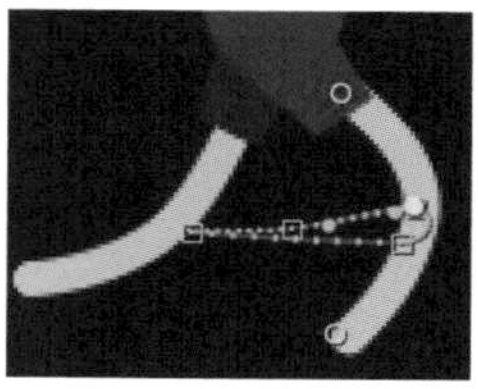

图 4-2-14　右腿操控点 2 的运动轨迹

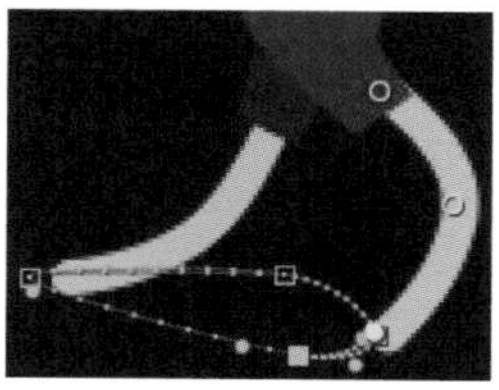

图 4-2-15　右腿操控点 3 的运动轨迹

四、制作重复运动动作

（1）制作左手的重复摆动动画。选择“左手”图层，按两次“U”键显示关键帧，框选第 0 帧至第 30 帧内的关键帧，按快捷键“Ctrl+C”复制，拖动时间线到第 40 帧处，按快捷键“Ctrl+V”粘贴，则第 40 帧至第 70 帧重复了这一组关键帧动画，如图 4-2-16 所示。再框选第 0 帧至第 70 帧的关键帧，复制后在第 80 帧处粘贴，让左手一直摆动。

（2）制作左腿和右腿的重复摆动动画。采用同样的方法，使左腿和右腿持续摆动，直到时间线结束。注意：左手、左腿和右腿的关键帧位置在时间上要一致。

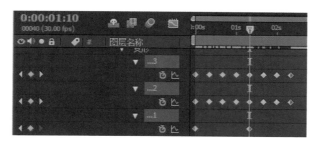

图 4-2-16 复制、粘贴关键帧

五、将卡通人放入公园场景

打开"公园一角"合成，将"卡通人"合成拖入"公园一角"合成，放置在小路的左边。按"P"键打开位置参数，设置关键帧。按"End"键，将时间线放于最后一帧，拖动卡通人到小路的右边。预览可见卡通人举着手机沿小路从左向右跑去的动画。

六、保存、收集与导出

（1）选择"文件 \ 保存"命令，保存项目文件。

（2）选择"文件 \ 整理工程（文件）\ 收集文件..."命令收集文件素材，增加文件的可移植性。

（3）将合成导出为"拾金不昧卡通人 .mp4"文件。

■ 任务练习

利用本任务所学的知识和技能，绘制"踢足球"的动画，效果截图如图 4-2-17 所示。

图 4-2-17 "踢足球"效果截图

》》》 任务三
古风折扇——形状蒙版的应用

■ 任务描述

瀚道影视公司接到了一个武术爱好者的委托，制作一个用于推广中华武术的宣传片"中华武魂"。该宣传片的第一个镜头是 3 s 的折扇展开特效视频，师傅把这个内容交给李渝来制作。李渝思考后发现，可以通过使图片自然渐显来实现折扇展开特效。

■ 任务分析

在 AE CC 2015 中要制作图片自然渐显，简单有效的方法是利用图层蒙版，即常说的遮罩。当一个图层应用了遮罩时，只有遮罩里面的图像才能被显示出来，当对遮罩本身的形状进行逐渐显示时，就实现了被遮罩图片的逐渐显示效果。

■ 任务目标

- 学会创建各种形状的形状遮罩（蒙版）；
- 学会蒙版属性的参数设置；
- 学会制作蒙版路径关键帧动画，生成图片渐显动画。

■ 任务效果

图 4-3-1　效果截图

■ 任务实施

一、新建项目，导入素材

（1）新建一个项目文件。按快捷键"Ctrl+I"导入素材"折扇.psd"，设置导入类型为"合成"，图层选项为"可编辑的图层样式"。

（2）观察项目面板，可看到导入后自动生成的"折扇"合成和"折扇"文件夹，双击"折扇"合成，打开合成窗口，效果如图 4-3-2 所示，图层面板中有"扇柄""扇面"和"竹子图"3 个图层。

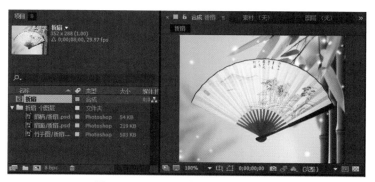

图 4-3-2　项目面板和合成窗口效果

二、制作扇柄旋转动画

（1）修改合成设置。按快捷键"Ctrl+K"打开"合成设置"对话框，修改持续时间为 3 s。

（2）修改扇柄中心点。选中"扇柄"图层，用锚点工具  将扇柄的中心点移到图4-3-3所示位置。

（3）旋转扇柄到扇子左边。选择"扇柄"图层，按"R"键打开旋转属性，修改旋转角度为"-129"，使扇柄旋转到扇子最左边，如图4-3-4所示。

（4）制作扇柄旋转动画。按"Home"键使时间线位于首帧处，单击旋转前的码表，创建关键帧，拖动时间线到第3s处，修改旋转角度为"0"，预览效果可见扇柄从左至右的旋转动画，第1s处扇柄效果如图4-3-5所示。

图 4-3-3　改变扇柄中心点

图 4-3-4　第 0 帧处扇柄效果

图 4-3-5　第 1 s 处扇柄效果

三、制作扇面渐显动画

（1）绘制蒙版轮廓。选择"扇面"图层，按"Home"键使时间线位于首帧处，使用钢笔工具在扇面上绘制一个如图4-3-6所示的蒙版轮廓。

（2）添加关键帧。按"M"键展开图层的蒙版属性，单击蒙版路径前的码表，添加关键帧，如图4-3-7所示。

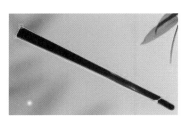
图 4-3-6　第 0 帧的蒙版轮廓

图 4-3-7　设置图层蒙版关键帧

◎◎技能点拨

◇要绘制出精确的遮罩轮廓，可以放大图层，用拖动工具 拖动图像观察（按住空格键，可快速切换到 ），再利用锚点的方向柄进行细节调整。

◇单击 蒙版 中的颜色框，可改变蒙版路径的颜色，如果一个图层中有多个蒙版，可用不同颜色进行区别。

◇连续按两次"M"键显示所选图层的所有蒙版属性。

（3）在时间码处输入"10"，使第 10 帧成为当前帧，利用选择工具 和钢笔工具 调整蒙版路径，如图 4-3-8 所示。注意要显示扇柄左边的完整扇面。

（4）按同样的方法修改第 20 帧、第 30 帧、第 40 帧、第 50 帧和第 60 帧的蒙版轮廓，如图 4-3-9 所示，此时扇面全部显示完成。

图 4-3-8　第 10 帧蒙版轮廓

第 20 帧蒙版轮廓

第 30 帧蒙版轮廓　　　　　　第 40 帧蒙版轮廓

第 50 帧蒙版轮廓

第 60 帧蒙版轮廓

图 4-3-9　其余各帧的蒙版轮廓

◎◎ 技能点拨

为使扇面在运动过程中不出现残缺，要适当添加调节点。

四、制作扇柄（手握位置）渐显动画

（1）绘制蒙版轮廓。选择"扇面"图层，按"Home"键使时间线位于首帧处，使用钢笔工具在扇面上绘制一个如图 4-3-10 所示的蒙版轮廓。

（2）添加关键帧。展开图层属性，可看到图层的蒙版中增加了一个"蒙版 2"属性，单击"蒙版 2"下蒙版路径前的码表，添加路径关键帧，如图 4-3-11 所示。

图 4-3-10　第 0 帧蒙版轮廓

图 4-3-11　蒙版属性

（3）按扇面渐显的操作方法，利用选择工具和钢笔工具调整第 10 帧、第 20 帧、第 30 帧、第 40 帧、第 50 帧和第 60 帧的蒙版轮廓，如图 4-3-12 所示。

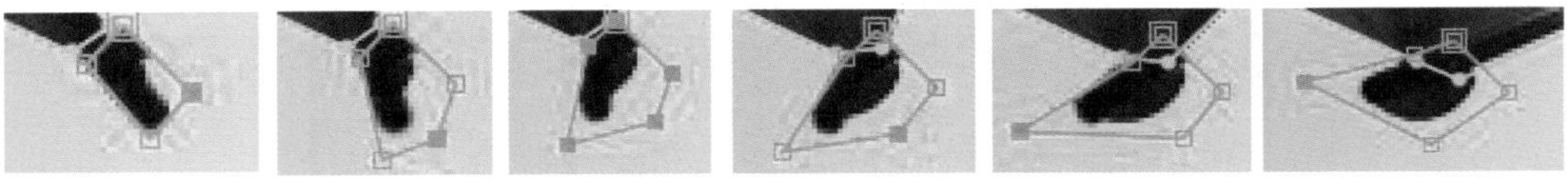

第 10 帧　　第 20 帧　　第 30 帧　　第 40 帧　　第 50 帧　　第 60 帧

图 4-3-12　各关键帧的蒙版轮廓

五、保存、收集与导出

（1）选择"文件＼保存"命令，以名称"古风折扇 . aep"保存项目文件。

（2）选择"文件＼整理工程（文件）＼收集文件…"命令收集文件素材，增加文件的可移植性。

（3）将合成导出为"古风折扇 . mp4"文件。

■■■■ 知识窗

- -

遮 罩

遮罩，实际上是一个用来改变图层特效和属性的路径或者轮廓，当一个图层应用了遮罩，只有遮罩里面的图像才能被显示出来，创建遮罩后可以只对图像的一部分进行处理，也可以对遮罩本身进行处理或者制作动画，从而形成特殊效果。

遮罩可分为形状遮罩和轨道遮罩两种。形状遮罩（图层蒙版）就是用形状工具在当前图层上绘制所需的形状，该形状作为蒙版依附于图层，作为图层的属性存在，不是单独的图层。轨道遮罩是用一个图层遮罩另一个图层来形成遮罩效果，因此至少需要两个图层。

1. 形状遮罩的创建

◇利用矩形工具组创建规则的图层蒙版，如矩形、圆角矩形、椭圆形、多边形和五角星形等；

◇利用钢笔工具可创建任意形状的图层蒙版；

◇执行"图层 / 自动跟踪"命令，能根据图层的 Alpha、红、绿、蓝通道或明亮信息自动生成图层蒙版。

2. 图层蒙版的属性

当图层创建了蒙版后，该图层自动增加蒙版属性，如图 4-3-13 所示。

◇蒙版路径：修改蒙版的形状。

◇蒙版羽化：模糊边缘效果。

◇蒙版不透明度：100% 时为不透明，0% 时为完全透明。

◇蒙版扩展：向外或内按蒙版形状扩展蒙版区域。

◇相加：当有多个蒙版时，可设置蒙版之间的组合方式，如相加、相减、交集、变亮、变暗等。

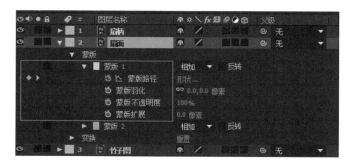

图 4-3-13　图层的蒙版属性

◇反转：取蒙版路径外的图层区域。

◇锁定：限制修改蒙版。

■ 任务练习

　　利用本任务所学的知识和技能，使用如图 4-3-14 所示的图片制作出折扇展开动画。
（提示：利用遮罩抠出扇柄，复制扇柄）

图 4-3-14　折扇

任务四
中华武魂——轨道遮罩的应用

■ 任务描述

　　李渝完成了 3 s 的折扇展开镜头，师傅检查后觉得很不错，又安排他制作第二个镜头
的内容："中华武魂"标题文字的展现。李渝打算用电影文字效果来展示标题，表现中华
武术源远流长、博大精深。

■ **任务分析**

要制作电影文字效果，可用文字遮罩视频。将文字放在一个图层，视频放在另一个图层，用文字图层遮罩视频图层，使用 AE CC 2015 中的轨道遮罩实现该效果。

■ **任务目标**

- 理解蒙版与遮罩的关系；
- 学会使用遮罩；
- 学会使用预设遮罩插件。

■ **任务效果**

视频教学

中华武魂

图 4-4-1　效果截图

■ **任务实施**

一、安装字体，导入素材

（1）安装武侠风格字体。将"叶根友毛笔行书2.0版"字体的安装文件"ygyxsziti2.0.ttf"复制后粘贴到"C:\Windows"下的"Fonts"文件夹中即可。

（2）导入素材。按快捷键"Ctrl + I"导入素材"中华武魂.mp3"和"火焰效果素材.mp4"，如图 4-4-2 所示。

图 4-4-2　项目面板

二、制作中华武魂电影文字效果

（1）新建合成。拖动素材"火焰效果素材 .mp4"到项目面板的"新建合成"按扭上，创建一个与素材视频大小一致的合成，修改合成名称为"标题文字"。

（2）输入文字。双击打开"标题文字"合成，输入文字"中华武魂"，设置文字大小为"175 px"，字体为"叶根友毛笔行书"，颜色任意，图层面板如图 4-4-3 所示。预览可见视频中有文字，但两者互不相干，合成窗口第 1 s 的效果如图 4-4-4 所示。

图 4-4-3　图层面板　　　　　　　　　图 4-4-4　合成窗口第 1 s 的效果

（3）设置轨道遮罩，将视频效果"装入"文字。在视频图层的轨道遮罩列中选择"Alpha 遮罩'中华武魂'"项目，实现上层的文字遮罩下层的视频，如图 4-4-5 所示。预览可见视频已经"装入"文字，合成窗口第 1 s 的效果如图 4-4-6 所示。

图 4-4-5　设置轨道遮罩　　　　　　　图 4-4-6　轨道遮罩后合成窗口第 1 s 的效果

三、制作中华武魂开场效果

（1）新建合成。按快捷键"Ctrl+N"新建合成，设置合成名称为"中华武魂开场效果"，预设为"HDV/HDTV 720 29.97"，持续时间为 8 s。

（2）新建图层。将素材"火焰效果素材 .mp4"拖到合成窗口中，按快捷键"Ctrl+Alt+F"使视频与合成窗口匹配。修改层名为"火焰效果冻结帧"，按"Home"键，选中"火焰效果冻结帧"图层，单击右键，选择"时间 / 冻结帧"命令，让图层在整个时间线都显示该帧。

（3）设置图层的持续时间。单击右键，选择"时间 / 时间伸缩..."命令，在出现的对话框中输入"800"，即设置图层持续时间为 8 s，如图 4-4-7 所示。

图 4-4-7　设置图层的持续时间

（4）再将素材"火焰效果素材.mp4"拖到合成窗口中，按快捷键"Ctrl+Alt+F"使视频与合成窗口匹配。

（5）新建"标题文字"图层。将"标题文字"合成拖到合成窗口中，调整出现时间的起点到第4s处，按"T"键，打开该图层的不透明度属性，设置不透明度为"30%"，单击不透明度前的码表，设置关键帧，图层时间线面板如图4-4-8所示。

图 4-4-8　图层时间线面板

（6）添加特效。移动时间指示器到第5s处，设置图层的不透明度为"100%"，继续给此图层添加"效果/透视/投影"特效，设置投影距离为"23.0"，如图4-4-9所示。再给此图层添加"效果/透视/斜面Alpha"特效，使文字具有立体感。

图 4-4-9　投影效果参数设置

四、声音处理

（1）隐藏视频素材的原始声音。单击图层面板中所有图层的 🔊 按扭，去掉视频的原始声音。

（2）剪辑声音。双击"中华武魂.mp3"音频素材，在素材窗口中设置入点为"0:00:06:08"，出点为"0:00:14:08"，单击 🔳 按扭，将剪辑的一段音频插入到合成中，图层时间线面板如图4-4-10所示。

图 4-4-10　最终效果的图层时间线面板

五、保存、收集与导出

（1）选择"文件 \ 保存"命令，以名称"中华武魂 .aep"保存项目文件。

（2）选择"文件 \ 整理工程（文件）\ 收集文件…"命令收集文件素材，增加文件的可移植性。

（3）将合成导出为"中华武魂 .mp4"文件。

■■■■ 知识窗

- -

轨道遮罩

轨道遮罩的原理是用一个图层遮挡另一个图层来形成遮罩效果，上层称为遮罩层，下层称为被遮罩层。可以简单理解为"上形（形状、窗口）下色（图像、色彩、视频信息）"。遮罩层可以是形状、文字、符号、原始素材以及编辑过程中的合成画面等，也可以是多个遮罩图形之间的叠加、组合或布尔运算等。

当应用轨道遮罩后，遮罩图层的名称中显示 ■，被遮罩图层的名称中显示 ■，图层面板如图 4-4-11 所示。

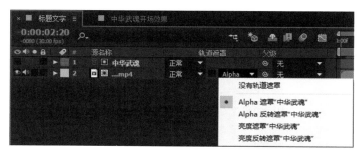

图 4-4-11　轨道遮罩的图层面板

轨道遮罩可以分为 Alpha 遮罩、Alpha 反转遮罩、亮度遮罩、亮度反转遮罩，共 2 对 4 种类型。

- Alpha 遮罩：读取遮罩层的不透明度信息。
- Alpha 反转遮罩：读取遮罩层的透明度信息，效果与 Alpha 遮罩相反。
- 亮度遮罩：读取遮罩层的亮度（明度）信息。
- 亮度反转遮罩：效果与亮度遮罩相反。

Alpha 遮罩、亮度遮罩属于轨道遮罩；模板 Alpha、模板亮度属于图层混合模式，都能起到遮罩的作用。

- -

■ 任务练习

利用本任务提供的素材，根据本项目所学的蒙版和轨道遮罩知识，制作视频片头倒计时效果，参考效果截图如图 4-4-12 所示。

图 4-4-12 视频片头效果截图

■ 核心能力检测

1. 在 AE CC 2015 中用于绘制形状的工具有 _____、_____、_____、_____ 和钢笔工具组。

2. 形状的填充和描边方式有纯色、渐变填充、_____ 和 _____ 填充。

3. 用钢笔工具绘制形状时，按住 _____ 键可画直线，按住 _____ 键能将路径中的直线锚点切换为曲线锚点。

4. 调用操控点工具的快捷键为 _____。

5. 遮罩可分为 _____ 和 _____ 两种，其中 _____ 是用形状工具在当前图层上绘制所需的形状，作为图层的属性存在，不是单独的图层。

6. _____ 遮罩是用一个图层遮罩另一个图层来形成遮罩效果，因此至少需要两个图层。

7. 制作字母 a、b、c 之间的变形动画，效果截图如图 4-4-13 所示。

图 4-4-13 字母变形动画效果截图

项目五
调色抠像拨心弦

■ 项目概述

　　人们看到在电影中演员与怪兽打斗或者上天入地、电视上主持人在月球表面主持节目，这些特效都是调色、抠像合成技术的功劳。要将人物完全融入背景还需要色彩的统一协调，因此调色、抠像成了合成影片的基础性关键技术。

　　本项目介绍了视频的基础调色和二级调色方法，抠像的原理、方法和创意应用等。

　　通过本项目的学习，读者应能用调色技术将普通视频制作出电影大片的质感，能用键控技术抠出毛发、复杂对象，能抠像合成创意视频。

■ 技能训练点

　　◇能用色阶、曲线、自然饱和度调整视频色调；

　　◇能替换视频或图片的背景；

　　◇能抠取毛发等复杂对象；

　　◇能用 Keylight 进行蓝绿屏抠像；

　　◇能美化抠像合成的视频。

■ 学时建议

　　理论：2 学时；实训：4 学时。

任务一
电影质感镜头——调色命令的应用

■ 任务描述

翰道影视公司正在负责制作重庆市的城市宣传片，其中有 3 s 的镜头是展现长江东水门大桥。负责视频素材采集的王华去拍摄时，因天气欠佳，其拍摄的视频效果不好，于是他向负责后期制作的李渝求助，处理视频的色彩和画面，以达到制作宣传片的要求。

■ 任务分析

由于客观条件影响，造成拍摄的影视画面曝光过度或曝光不足，甚至严重偏色，需要后期进行色彩校正处理。基础调色方法是使用 AE CC 2015 中的调色功能，通过调整色阶、曲线、自然饱和度的参数来改善画面色彩。

■ 任务目标

- 学会通过色阶、曲线、自然饱和度参数调整色彩；
- 学会局部调色技巧；
- 学会通过画面快照功能进行效果对比调色；
- 学会设置宽频和电影质感。

■ 任务效果

视频教学

电影质感镜头

图 5-1-1　原始视频画面

图 5-1-2　调色后效果截图

图 5-1-3　最终电影感效果截图

■ 任务实施

一、新建合成

（1）新建合成。启动软件，导入素材"东水门大桥 .MOV"，在项目面板中将素材"东水门大桥 .MOV"拖到"新建合成"按钮上，新建一个以原始素材尺寸为基准的合成，合成默认名称为"东水门大桥"。

（2）修改合成设置。按快捷键"Ctrl+K"打开"合成设置"对话框，设置持续时间为 3 s，其余参数默认。

二、清晰度调整

（1）调整色阶。选中"东水门大桥 .MOV"图层，单击右键，选择"效果 / 颜色校正 / 色阶"命令，发现视频的暗部信息是残缺的，将最左边的小三角向右拖动至曲线开始处，如图 5-1-4 所示。此时原视频的模糊程度得到改善，但还不够清晰明亮，还需要进行其他调整。

（2）调整曲线。继续单击右键，选择"效果 / 颜色校正 / 曲线"命令，选择 RGB 通道，拖动调整直线变为 S 形曲线，如图 5-1-5 所示。单击曲线前的效果开关按钮 fx，可查看使用此命令的前后对比效果，但色彩还不是很明亮，需要进行色彩调整。

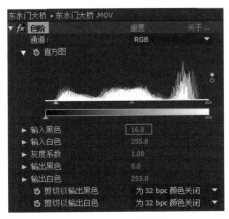

图 5-1-4　调整色阶

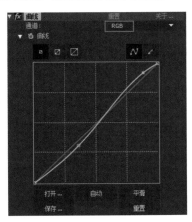

图 5-1-5　调整曲线

◎◎ 技能点拨

曲线调色

曲线通道分类：RGB、红、绿、蓝、Alpha。操作时多次拉出曲线即可得到红、绿、蓝 3 种颜色曲线，方便调整不同色彩。

在用曲线进行细微调整时，若感觉不方便，可以单击顶部的按钮，将曲线的图像调大，再进行细微调整，如图 5-1-6 所示。

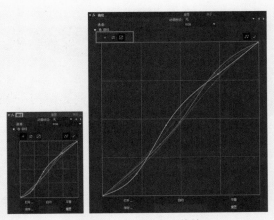

图 5-1-6　曲线细微调整技巧

三、色彩调整

选中"东水门大桥 .MOV"图层，单击右键，选择"效果 / 颜色校正 / 自然饱和度"命令，参数设置如图 5-1-7 所示，调整后的效果如图 5-1-8 所示。

图 5-1-7　自然饱和度调整

图 5-1-8　调整后效果

◎◎技能点拨

色彩调整的方法有很多，如调整亮度和对比度、颜色平衡、色相/饱和度等，这些需要操作者对图像色彩有较强的感知能力。初学者建议使用"自然饱和度"命令。

四、局部色彩调整——二级调色

再次观察视频图像，发现远处景物不太清晰和明亮，需要对远处的山坡、楼宇等进行微调，使图像更清晰。可用钢笔工具将局部勾勒出来后再进行局部色彩的处理。

（1）选取调色区域。选中"东水门大桥.MOV"图层，按快捷键"Ctrl+D"复制一层，选中上面的图层，用钢笔工具将远处山体景色和大桥勾勒出来，如图 5-1-9 所示。修改蒙版羽化值为 230 px，以便柔化边缘，如图 5-1-10 和图 5-1-11 所示。单击图层独奏，如图 5-1-12 所示。

（2）对勾勒出来的图像进行局部调色。按前面的方法，直接调整色阶的直方图和参数，如图 5-1-13 所示。

图 5-1-9　钢笔勾勒效果

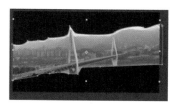

图 5-1-10　蒙版羽化前效果

图 5-1-11　蒙版羽化后效果

图 5-1-12　图层独奏

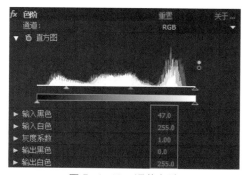

图 5-1-13　调整色阶

◎◎技能点拨

　　图像进行局部调色可以调整图像对比度，也可直接在色阶上进行调整，使局部细节清晰，且与画面整体协调即可。

　　利用画面快照观察效果：

　　（1）单击合成窗口中拍摄快照按钮 ，将效果暂存，如图5-1-14所示。

　　（2）按住显示快照按钮 不放，将显示快照内容，松开即为当前素材内容，方便查看调整前后的对比效果，如图5-1-15所示。

图5-1-14　拍摄快照　　　　　　　　图5-1-15　快照效果与调整后的效果对比

五、电影质感宽屏调整

　　（1）在项目面板中将"东水门大桥"合成拖到"新建合成"按钮上，创建"东水门大桥2"合成，将其更名为"东水门大桥宽屏效果"，如图5-1-16所示。

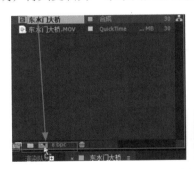

图5-1-16　新建合成操作示意图

　　（2）按快捷键"Ctrl+K"打开"合成设置"对话框，修改宽度为"1 920"，高度为"800"，其余参数默认，如图5-1-17所示。

图5-1-17　合成设置和宽屏效果

（3）按快捷键"Ctrl+N"新建"东水门大桥电影质感"合成，设置参数：宽度为"1 920"，高度为"1 080"，将"东水门大桥宽屏效果"合成拖入其中，效果如图5-1-18所示。

图 5-1-18　合成设置和电影质感效果

六、保存、收集与导出

（1）选择"文件∖保存"命令，以名称"东水门大桥 .aep"保存项目文件。

（2）选择"文件∖整理工程（文件）∖收集文件…"命令收集文件素材，增加文件的可移植性。

（3）将合成导出为"东水门大桥 .mp4"文件。

拓展内容

人物脸部调色

※※ 阅读有益

1. 影视调色

影视调色常分为一级调色和二级调色。

一级调色也称为基础调色，主要调节视频的整个画面，使各个片段之间的影调风格统一。

二级调色即局部精细调色，更多的是在一级调色的基础上针对每个画面细调，一般是由专门的调色师完成。

调色技术虽然纷繁复杂、令人眼花缭乱，但也有很强的规律性，涉及的理论主要有色彩构成理论、颜色模式转换理论、通道理论；使用的工具主要有色阶、曲线、色彩平衡、色相／饱和度、可选颜色、通道混合器、渐变映射、拾色器等。

2. 人物脸部调色

要对视频中的人物面部进行调色，因为人物是运动的，所以使用常规的办法工作量巨大且难以操作，可用 AE CC 2015 的"面部追踪"功能完成。可扫描二维码了解更多的详细内容。

3. 电影色彩的作用

不同色彩对人的心理影响如下：

红色代表生命、热情、真诚、兴奋、吉祥、警示、危险、革命、战争；

橙色代表温和、喜庆、轻松、嫉妒、权利、诱惑；

黄色代表富贵、荣耀、地位、皇室、光耀、疑惑、轻薄、统治；

绿色代表春季、青春、鲜活、生机、安全、和平、平静、希望；

青色代表深远、淡雅、冷漠、独立、沉稳、消极、寒冷；

蓝色代表深邃、太空、无限、幽静、冷静、凄凉、压抑、忧郁；

紫色代表华贵、神秘、严肃、娴静、柔和、庄严、沉稳；

黑色代表沉默、严肃、神秘、悲哀、恐惧、死亡、诡异；

白色代表纯洁、淡雅、明快、冷清、冰冷；

灰色代表和谐、稳定、静止、忧郁、平和、中性。

■ 任务练习

1. 对"练习 1 人物 .mp4"视频进行基础调色，并处理成宽屏电影质感画面，视频截图如图 5-1-19 所示。（提示：四周暗角效果用蒙版实现；调整蒙版路径，让明暗区域过渡自然；利用噪点特效增加电影的颗粒感和磨砂感）

图 5-1-19　"练习 1 人物"视频截图

2. 对 "练习 2 降噪素材 .mp4"视频进行基础降噪处理，视频截图如图 5-1-20 所示。（提示：效果 / 颗粒移除颗粒；自然饱和度）

图 5-1-20　"练习 2 降噪素材"视频截图

任务二
移花接木——键控技术的应用

■ 任务描述

　　瀚道影视公司接到运动达人个人生活视频的制作业务，其中有几个镜头要展示人物遛狗的生活场景，以及其高超的滑板技术。客户只提供了小狗的静态照片和随手拍摄的滑板运动场景，素材不能满足视频制作的要求。师傅让李渝将照片中的小狗抠取出来备用，并为人物的滑板运动视频替换上炫酷的太空背景。

■ 任务分析

　　替换图片和视频的背景通过键控技术即可完成。键控又称为抠像，是一种分割屏幕的特效。键控技术的实质是"抠"与"填"。一般情况下，被抠的图像是背景图像，填入的图像称为前景图像。AE CC 2015 内置的抠像命令有：差值遮罩、内部 / 外部键、提取、keylight(1.2) 等 10 种。小狗毛发的抠取一般用内部 / 外部键协同抠像技术完成，视频背景的替换可用差值遮罩结合图层蒙版技术来实现。

■ 任务目标

* 学会抠取毛发；
* 学会替换视频背景；
* 学会美化抠像结果。

■ 任务效果

1. 静态抠像效果

图 5-2-1　原始静态图　　　图 5-2-2　抠像效果图　　　　　图 5-2-3　局部效果图

2. 视频抠像效果

图 5-2-4　原始视频

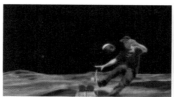

图 5-2-5　抠像后视频截图

■ 任务实施

一、毛发抠像——内部 / 外部键协同抠像

（1）新建合成。导入素材"小狗 .jpg"到项目面板中，按住鼠标不动，拖动素材"小狗 .jpg"到"新建合成"按扭上，创建"小狗"合成，修改合成持续时间为 3 s。

（2）框选轮廓。双击"小狗"合成，然后在图层面板中选中"小狗"图层。用钢笔工具分别抠选小狗的内轮廓（蒙版 1）和外轮廓（蒙版 2），使狗狗的毛发夹在两个蒙版中间，方便使用控件提取毛发的边缘，如图 5-2-6 所示。

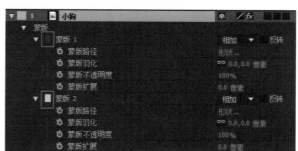

图 5-2-6　蒙版效果及结构

◎◎ 技能点拨

　　当图层有多个蒙版时，单击蒙版前的色彩块，可指定该蒙版的蒙版线颜色，方便区别，如此处蒙版 1 是粉色，蒙版 2 是绿色。

（3）添加特效。添加"效果 / 抠像 / 内部 / 外部键"特效，设置前景（内部）为蒙版 1，背景（外部）为蒙版 2，其他参数默认，如图 5-2-7 所示。

（4）单击合成窗口的切换透明网格按钮 ，查看抠像效果，如图 5-2-8 所示。

图 5-2-7　内部 / 外部键参数设置　　　　图 5-2-8　透明状态下的效果

◎◎ 技能点拨

可双击图层使用画笔或者橡皮擦工具更改蒙版路径，使抠像效果更好。

（5）保存与导出。按快捷键"Ctrl+S"保存项目文件，然后导出抠像后的"小狗"图片。

二、滑板少年上太空——差值遮罩动态抠像

（1）新建合成。导入素材"滑板少年 .mov"和"太空地面 .jpg"，在项目面板中将素材"滑板少年 .mov"拖到"新建合成"按扭上，创建"滑板少年"合成。

（2）复制图层。双击打开"滑板少年"合成，按快捷键"Ctrl+D"复制"滑板少年 .mov"图层，修改复制的图层名称为"抠动态人物"。

（3）移动图层。将素材"太空地面 .jpg"拖到合成窗口中，按快捷键"Ctrl+Alt+F"使其匹配合成窗口，然后将"太空地面 .jpg"图层移到所有图层的最下面，图层面板如图 5-2-9 所示。

图 5-2-9　图层面板效果

（4）设置背景静态帧。将"滑板少年 .mov"图层改名为"原始静态背景"，按"Home"键，定位到第 1 帧。单击右键，选择"时间 / 冻结帧"命令，如图 5-2-10 所示，使动态视频变为第 1 帧的静态帧画面，图层属性如图 5-2-11 所示。

（5）差值遮罩抠像。选中"抠动态人物"图层，添加"效果 / 抠像 / 差值遮罩"特效，参数设置如图 5-2-12 所示。

图 5-2-10　设置冻结帧

图 5-2-11　图层属性

（6）调整抠像边缘。继续添加"效果／抠像／抠像清除器"特效，调整边缘半径为"50.0"，勾选"减少震颤"，设置 Alpha 对比度为"20.0%"，强度为"100.0%"，如图 5-2-13 所示。

图 5-2-12　设置差值遮罩参数

图 5-2-13　抠像清除器参数

（7）布置滑板桩图层。将"原始静态背景"图层复制一层，修改图层名称为"滑板桩"，隐藏"原始静态背景"图层，图层面板如图 5-2-14 所示。

（8）滑板桩调色。选中"滑板桩"图层，用钢笔工具抠出滑板桩，如图 5-2-15 所示，添加"亮度和对比度""色调""曲线"3 个特效，"色调"的参数取默认值，其余两种特效的参数设置如图 5-2-16 所示。

图 5-2-14　图层面板

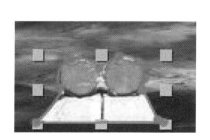

图 5-2-15　抠出滑板桩

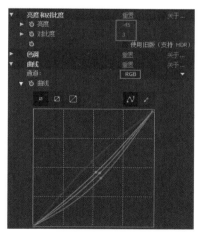

图 5-2-16　特效参数设置

（9）按快捷键"Ctrl+S"保存项目，然后导出抠像后的"滑板少年.mp4"文件。

■ 任务练习

　　1.打开素材"飞行的大雁.mov"，如图5-2-17所示，抠取大雁，并将视频背景改为海边，效果截图如图5-2-18所示。

　　2.打开素材"小猫练习素材.jpg"，如图5-2-19所示，使用内部/外部键控件，对素材进行背景抠除和替换。

图5-2-17　素材视频　　　　　图5-2-18　效果截图　　　　　图5-2-19　小猫

任务三
分身魔术——抠像技术的应用

■ 任务描述

　　在运动达人的个人生活视频中，要表现人物喜爱各种运动，如篮球、足球、羽毛球等，最好在一个画面中演示，但又不能采用生硬的画中画模式。师傅让李渝将一个人在不同场景的几段视频片段，制作成一个合成视频模型，以便拍摄运动达人的各项运动时作为参考。

■ 任务分析

　　要将一个人物的多段视频无痕迹地合成到一段视频中，前期构思和视频拍摄是关键。对于制作高难度、高危险和高成本的视频，一般是让演员在摄影棚的屏幕前表演动作，通过后期抠像完成人物与背景画面的合成。其原理是将视频中某种颜色转变为透明，提取Alpha通道，通常要求背景屏幕是单一的蓝屏或者绿屏，目前常用的蓝绿屏幕抠像工具是Keylight。

■ 任务目标

- 掌握 Keylight 特效的应用；
- 了解无缝合成视频的制作方法。

■ 任务效果

视频教学

分身魔术

图 5-3-1 效果截图

■ 任务实施

一、新建合成，导入素材

（1）新建合成。按快捷键"Ctrl+N"新建合成，设置合成名称为"分身魔术 - 创意抠像"，高度为"1 920"，宽度为"1 080"，持续时间为"0：00：11：06"。

（2）导入素材。导入素材"分身 1.mp4""分身 2.mp4""分身 3.mp4"和"分身 4.mp4"到项目面板中。

二、分析素材，搭建图层

（1）分析视频。预览 4 个分身视频，发现"分身 .mp1"视频中人物在右边，有头部向左的镜头，如图 5-3-2 所示；发现"分身 2.mp4"视频中的环境较好，但人物太小，可利用其环境，如图 5-3-3 所示；发现"分身 3.mp4"视频中人物在左边，且有向右看的动作，如图 5-3-4 所示；发现"分身 4.mp4"视频中有一个绿色背景，并且人物在中间，镜头是特写，如图 5-3-5 所示。

图 5-3-2 分身 1 镜头

图 5-3-3 分身 2 镜头

图 5-3-4　分身 3 镜头

图 5-3-5　分身 4 镜头

（2）调整图层顺序。根据前面分析的视频特点，调整图层顺序，如图 5-3-6 所示。

三、视频抠像

（1）"分身 4.mp4"图层创建蒙版。选中"分身 4.mp4"图层，按"Home"键定位到第 1 帧，用钢笔工具创建一个包含绿幕及前方凳子的蒙版，如图 5-3-7 所示。

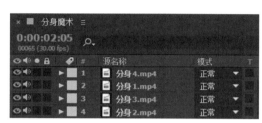

图 5-3-6　图层面板

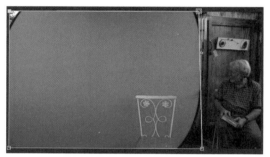

图 5-3-7　蒙版轮廓

（2）"分身 4.mp4"图层抠像。添加"效果 / 抠像 /Keylight（1.2）"特效，设置 Screen Colour（屏幕颜色）为绿色（用吸管工具在绿幕上吸取），Screen Gain（屏幕增益）为"130.0"，Screen Balance（屏幕平衡）为"50.0"，如图 5-3-8 所示，此时合成窗口的效果如图 5-3-9 所示。

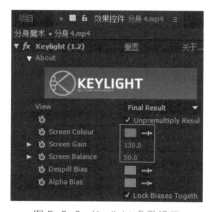

图 5-3-8　Keylight 参数设置

图 5-3-9　Keylight 抠像效果

◎◎技能点拨

　　Keylight 是一个蓝绿屏幕抠像插件，特别是对于反射半透明区域和头发的抠取有很好的效果。

　　（3）"分身 1.mp4"图层抠像。选中"分身 1.mp4"图层，用钢笔工具大致抠出人物，如图 5-3-10 所示。

　　（4）"分身 3.mp4"图层抠像。选中"分身 3.mp4"图层，用钢笔工具大致抠出人物，如图 5-3-11 所示。

图 5-3-10　分身 1 钢笔抠像　　　　　　图 5-3-11　分身 3 钢笔抠像

　　（5）保存与导出。预览整体效果，满意后保存项目文件，导出视频"分身魔术 .mp4"文件。

■■■■ 知识链接

电影拍摄选择绿色或者蓝色背景的原因：

　　（1）蓝色和绿色比较干净、稳定、明亮，抠像的时候不会发生差错。

　　（2）蓝绿两色的反射率比较好，不会把光都吸附进去，方便计算机辨认。

　　（3）亚洲人肤色偏黄，一般用蓝色背景，肤色会显得更白，因为蓝色是黄色的补充色；欧美人的眼睛接近蓝色，常用绿色背景。

■ 任务练习

　　1. 在本任务视频的第 2 s 左右，老人进入画面入座时，左上角人物脸部未显示，有穿帮痕迹，请运用所学知识，合理运用特效修复该穿帮镜头，如图 5-3-12 所示。

　　2. 对图片"绿幕女人 .tif"（见图 5-3-13）进行抠像，注意对头发的抠取。

　　3. 对图片"绿幕眼镜 .png"（见图 5-3-14）进行抠像，注意对玻璃的抠取。

　　4. 对图片"绿幕斑马 .png"（见图 5-3-15）进行抠像，注意细节。

图 5-3-12　修复穿帮镜头

图 5-3-13　绿屏女人

图 5-3-14　绿幕眼镜

图 5-3-15　绿幕斑马

■ 核心能力检测

1. 一级调色是 ＿＿＿＿＿ 调色，二级调色即 ＿＿＿＿＿ 调色。

2. 在调色时，常常使用合成窗口中的 ＿＿＿＿＿ 按钮 📷 ，其作用是进行简单的效果暂存。单击 ＿＿＿＿＿ 按钮 ❀ ，能快速将快照效果与当前效果进行对比。

3. 调整局部一般先用 ＿＿＿＿＿ 工具选取需调整的区域，然后 ＿＿＿＿＿ 边缘使部分整合到整体。

4. 调色要注意局部色彩与影片 ＿＿＿＿＿ 色调一致。

5. 对图层设置"＿＿＿＿＿"效果能将视频的当前帧冻结，使之成为静态画面。

6. Keylight 是一个 ＿＿＿＿＿ 抠像插件，特别是对于反射半透明区域和头发的抠取有很好的效果。

7. 单击合成窗口中的 ＿＿＿＿＿ 按钮 ▦ ，可查看抠像效果。

8. 制作复古电影效果，源视频效果截图如图 5-3-16 所示，复古视频效果截图如图 5-3-17 所示。

图 5-3-16　源视频效果截图

图 5-3-17　复古视频效果截图

项目六
音频特效托主题

■ 项目概述

音频属于听觉艺术，是视频作品中不可或缺的要素，音频中的语言、音乐等对烘托画面、补充情节、激发情感有着重要的作用。视频中的语言可以对影像信息进行补充，适当的音乐可以调动观众的情绪，更好地表现影视作品。

本项目介绍了声音的导入方法和 AE CC 2015 支持的音频格式，使用声音滤镜制作动画效果，将音频振幅转换为关键帧和使用表达式关联参数等内容。

通过本项目的学习，读者应能导入和剪辑音频，能使用音频频谱滤镜，能将音频振幅转换为关键帧，能使用表达式关联动画参数，达到使用音频控制动画的效果。

■ 技能训练点

◇能导入音频文件；

◇能添加音频频谱滤镜；

◇能将音频振幅转换为关键帧；

◇能用表达式关联动画参数。

■ 学时建议

理论：1 学时；实训：3 学时。

任务一
音频彩条——声音频谱特效

■ 任务描述

李渝的母校即将举行一年一度的校园十佳歌手大赛，班主任张老师拜托李渝制作一个宣传片在校园内播放。为了突出音乐主题，李渝决定在宣传片中加入音频频谱作为代表元素。

■ 任务分析

由声音控制的简单图案视频效果，可直接用音频频谱的彩色点、线来表示。AE CC 2015 中的"音频频谱"是一种根据音频生成模拟谱线、模拟频点等效果的特效，通过调节频率范围来控制模拟的谱线数量。AE CC 2015 中的音频特效有混响、延迟、倒放、立体声混合等。

■ 任务目标

- 学会导入音频；
- 学会使用"音频频谱"特效。

■ 任务效果

视频教学

音频彩条

图 6-1-1 效果截图

■ 任务实施

一、导入素材，新建合成

（1）导入素材。按快捷键"Ctrl+I"导入素材"music.mp3"和"背景.jpg"到项目面板中，如图 6-1-2 所示。导入后的音频素材在项目面板中可以看到相关的信息，如图 6-1-3 所示。

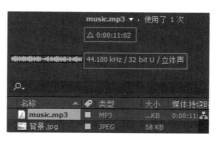

图 6-1-2　项目面板　　　　　　　　　图 6-1-3　音频信息

◎◎ **技能点拨**

　　AE CC 2015 支持的音频格式有：Adobe Sound Document（ASND）、高级音频编码（AAC、M4A）、音频交换文件格式（AIF、AIFF）、MP3（MP3、MPEG、MPG、MPA、MPE）、Video for Windows（AVI）、Waveform（WAV）。

　　（2）新建合成。按快捷键"Ctrl+ N"新建合成，设置合成名称为"音频彩条"，持续时间为 11 s，如图 6-1-4 所示。

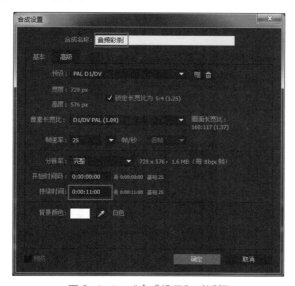

图 6-1-4　"合成设置"对话框

　　（3）将素材放入图层面板。将素材"music.mp3"和"背景 .jpg"拖入图层面板中，展开"music.mp3"图层的参数，可以直观地看见音频的波形，如图 6-1-5 所示。

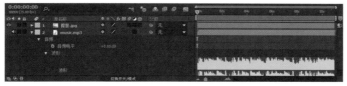

图 6-1-5　图层时间线面板

◎◎技能点拨

◇单击音频图层前的 🔊，关闭或打开音频图层的声音。

◇查看音频图层的波形可以知道各个时间段的音频高低，方便制作人员衔接声音和画面，做到声画同步。

二、制作彩条

（1）新建纯色图层。按快捷键"Ctrl+Y"新建一个纯色图层，取名为"彩条"，如图 6-1-6 所示。

图 6-1-6　新建纯色图层

（2）添加音频特效。选中"彩条"图层，添加"效果／生成／音频频谱"特效，如图 6-1-7 所示。设置音频频谱的参数如图 6-1-8 所示。

图 6-1-7　添加音频特效

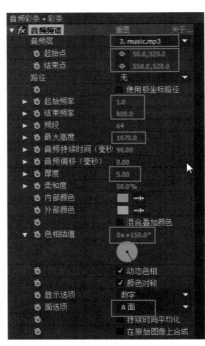

图 6-1-8　音频频谱参数

（3）预览效果。按小键盘上的数字键"0"，预览音频频谱效果，如图6-1-9所示。

三、保存、收集与导出

（1）选择"文件\保存"命令，以名称"音频彩条.aep"保存项目文件。

（2）选择"文件\整理工程（文件）\收集文件…"命令收集文件素材，增加文件的可移植性。

（3）将合成导出为"音频彩条.mp4"文件。

图6-1-9　音频频谱效果

■ **任务练习**

利用音频频谱特效，修改本任务实例中的频谱效果，制作出如图6-1-10所示的路径圆点频谱效果。

图6-1-10　路径圆点频谱效果

>>>>> **任务二**
电话来了——音频振幅关键帧

■ **任务描述**

李渝的朋友杨乐正在制作一个动画短片，其中有个镜头是表现电话响了，电话机随着电话铃声一起运动。可他用Flash软件做了很久，也没做出想要的效果，于是请求李渝帮忙用AE制作这个效果。

■ **任务分析**

要实现声音控制对象运动的效果，可将声音的音频振幅转换成关键帧，再利用AE表达式来关联对象，可使被关联对象完成某种特定动作。AE表达式是源自JavaScript语言的一种代码，能实现动画参数的转移、计算，有效率地控制某个参数的变化，制作出关键帧难以实现的效果。

■ 任务目标

- 了解音频振幅的概念；
- 学会将音频振幅转换成关键帧；
- 学会使用表达式关联参数值。

■ 任务效果

图 6-2-1　效果截图

■ 任务实施

一、导入素材，新建合成

（1）导入素材。按快捷键"Ctrl+I"导入素材"电话铃声.wav"和"桌子.jpg"到项目面板中，再导入素材"电话.psd"，选择导入种类为"合成"，如 6-2-2 所示。导入后的项目面板如图 6-2-3 所示。

图 6-2-2　选择导入种类

图 6-2-3　项目面板

（2）新建合成。按"Ctrl+N"新建合成，设置合成名称为"电话来了"，持续时间为 11 s，参数设置如图 6-2-4 所示。

二、制作振动的电话

（1）修改合成参数。双击项目面板中的"电话"合成，在图层面板中将其打开。按快捷键"Ctrl+K"打开"合成设置"对话框，修改合成的持续时间为 10 s，单击"确定"按钮，如图 6-2-5 所示。

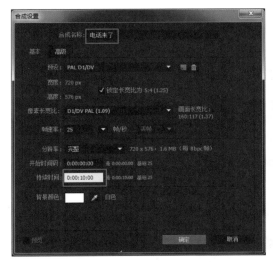 

图 6-2-4 "合成设置"对话框 图 6-2-5 修改合成参数

（2）将音频素材放入合成。将导入的音频素材"电话铃声 .wav"从项目面板中拖入"电话"合成中，展开波形属性，可看到如图 6-2-6 所示的音频波形。

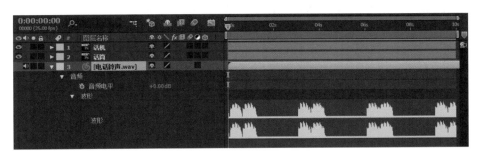

图 6-2-6 图层时间线面板

◎◎技能点拨

声音是由物体振动产生的声波。频率和振幅是描述声波的重要属性，频率的大小与我们通常所说的音高对应，而振幅影响声音的大小。图 6-2-6 中的波形对应的就是音频的振幅，振幅越大，波形越大，听到的声音也越大。

AE CC 2015 自带音频转换关键帧功能，可以根据音频层每一帧振幅值的大小生成关键帧，并存放在一个空对象"音频振幅"中。

（3）将音频转换为关键帧。选中"电话铃声 .wav"图层，单击右键，选择"关键帧辅助 / 将音频转换为关键帧"命令，此时时间线窗口中会自动生成一个名为"音频振幅"的空白对象，如图 6-2-7 所示。

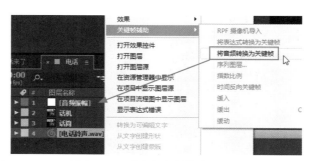

图 6-2-7　音频振幅转换为关键帧

（4）查看音频关键帧。选中"音频振幅"图层，按"U"键可显示根据音频振幅转换出来的关键帧，分为左声道、右声道和两个通道共 3 个参数，如图 6-2-8 所示。

图 6-2-8　音频关键帧

（5）选中"话筒"图层，按"Y"键（英文输入状态下）切换到锚点工具，将话筒图层的锚点移动到话筒把手的中心处，如图 6-2-9 所示。

（6）添加表达式。选中"话筒"图层，按"R"键展开图层的旋转属性，按住"Alt"键不放，单击旋转前的码表，添加表达式，如图 6-2-10 所示。

图 6-2-9　移动锚点

图 6-2-10　添加表达式

◎◎ 技能点拨

添加表达式的其他方法：
◇选择"动画\添加表达式"命令；
◇按快捷键"Alt+Shift+="。

（7）按住旋转参数下方的表达式关联器按钮 ⊚，拖动到"音频振幅"图层的"两个通道"下的滑块参数上，再放开鼠标，如图 6-2-11 所示。

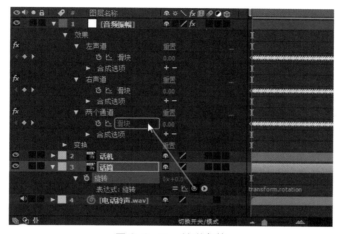

图 6-2-11 关联参数

◎◎ 技能点拨

通过表达式将"话筒"图层的"旋转"属性值和"音频振幅"图层的"两个通道"振幅值关联起来，实现由音频振幅的大小来控制话筒旋转的效果，在合成中的任何时候，话筒的旋转值都等于"两个通道"的振幅值，如图 6-2-12 所示。

图 6-2-12 参数相等

（8）预览和微调。按小键盘上的数字键"0"预览电话振动效果，如有需要，可以在"自动生成的表达式"后面乘以数字 n，实现 n 倍变化的振幅。例如，thiscomp.layer（"音频振幅"）.effect（"两个通道"）（"滑门"）*0.5，则话筒振动幅度缩小到以前的一半。

三、搭建场景

（1）将项目面板中的"电话"合成和"桌子.jpg"拖入"电话来了"合成中，图层面板如图 6-2-13 所示。

（2）修改"电话"合成的缩放参数为"65%"，移动电话到桌子上的合适位置，如图 6-2-14 所示，完成场景搭建。

图 6-2-13　拖入素材后的图层面板

图 6-2-14　场景搭建完成

四、保存、收集与导出

（1）选择"文件 \ 保存"命令，以名称"电话来了.aep"保存项目文件。

（2）选择"文件 \ 整理工程（文件）\ 收集文件…"命令收集文件素材，增加文件的可移植性。

（3）将合成导出为"电话来了.mp4"文件。

■■■■知识窗
- -

1. 表达式的概念

AE CC 2015 中图层之间的联系主要通过关键帧、合并嵌套、父子连接、动力学脚本和表达式 5 种方式实现。在这几种方式中，表达式的功能最强大，一旦建立了表达式，任何关键帧都会与之建立永久的关系。

AE CC 2015 中的表达式是以 JavaScript 语言为基础，为特定参数赋予特定值的一句或一组语句，最简单的表达式就是一个数值。表达式分为单行表达式和多行表达式，无论哪种表达式都是为特定参数赋值或完成特定的动作。

2. 表达式的控制按钮

当给某个属性添加表达式后，其参数值变为红色，表明该参数值由表达式控制，不能手工编辑，并且在该属性下面多了一排表达式及其相关按扭 ▤▧◎▶，如图 6-2-15 所示。

▤ 按扭：切换表达式的有效和无效状态（▤ 表达式有效，▧ 表达式无效）；

◎ 按钮：获取其他参数的表达式；

▶ 按钮：调用内置表达式库而不用手工输入，如图 6-2-16 所示。

图 6-2-15　添加表达式后的参数

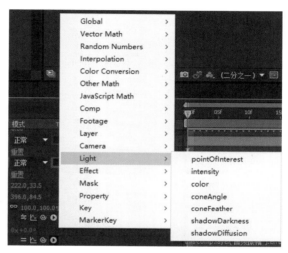

图 6-2-16　内置表达式库

3.表达式的使用场景

当需用一个参数的数值控制另一个参数或者多个参数的数值时，可使用表达式；当需用一个参数的值计算后控制其他参数时，使用表达式可直接赋值控制；当用关键帧无法制作效果流畅的动画或制作效率不高时，可使用表达式制作动画效果。

■ 任务练习

利用音频振幅的关键帧控制喇叭（见图 6-2-17）的大小变化，制作出喇叭随声而动的效果。

图 6-2-17　喇叭

■ 核心能力检测

1. 在 _____ 面板中可以查看音频素材的信息。

2. AE CC 2015 支持的音频格式有：_____（填 3 种以上）。

3. 分层文件在导入时有 3 种方式：_____ 、_____ 、合成 – 保持图层大小。

4. _____ 和振幅是描述声波的重要属性。

5. 音频的振幅越大，听到的声音就越 _____ 。

6. 打开图层属性的表达式开关需要按住 _____ 键，单击旋转前的码表 。

7. 制作音频波形，截图效果如图 6-2-18 所示。

图 6-2-18　音频波形图

项目七
三维光影建空间

■ **项目概述**

　　"潘多拉"星球上的悬浮山峦、魔幻夜景、万千物种，都不是真实的场景，而是影视后期制作的杰作。创建模拟三维世界，利用光影烘托气氛、突出形象、反映人物心理、影响观众情绪，搭建摄像机展现多角度立体效果等，是影片中常用的技法，也是影视后期制作人员必备的技能。

　　本项目介绍了三维空间各个面的构成与搭建，三维空间中灯光的创建与调试，以及用摄影机观察三维空间对象的方法和技巧。

　　通过本项目的学习，读者能开启对象的三维属性并搭建三维空间，能创建和设置灯光，能用摄像机观察三维对象，能制作出立体感十足的三维动画作品。

■ **技能训练点**

　　◇能开启对象的三维属性；

　　◇能搭建三维场景；

　　◇能给三维空间创建和设置灯光；

　　◇能制作摄像机动画。

■ **学时建议**

　　理论：2 学时；实训：6 学时。

任务一
旋转立方体——创建三维空间

■ 任务描述

翰道影视公司接到一个制作房地产项目宣传广告的业务，客户要求广告中的公司 Logo 要立体展示。经过任务分解，师傅决定将 Logo 用立方体模型展示，他让李渝制作一个立方体运动视频模型，以作参考。

■ 任务分析

要制作立方体运动效果，首先要搭建立方体的各个面，然后确定运动方式，是旋转、滚动还是平移，最后查找实现路径。在 AE CC 2015 中可以设置对象的三维属性，在不同视图中观察、搭建三维空间，还可创建图层的父子关系，由父层牵引子层运动，从而实现各个面的运动。

■ 任务效果

视频教学

旋 转 立 方 体

图 7-1-1　效果截图

■ 任务实施

一、新建合成

按快捷键"Ctrl+N"新建合成，设置合成名称为"旋转的立方体"，持续时间为 10 s，如图 7-1-2 所示。

二、创建三维图层

（1）创建纯色图层。按快捷键"Ctrl+Y"新建一个"300×300 px"的红色纯色图层，命名为"红色"，参数设置如图 7-1-3 所示。

（2）创建其他图层。继续新建 5 个"300×300 px"不同颜色的纯色图层，构成立方体的 6 个面，修改各图层的名称为"顶""底""左""右""前""后"，单击每个图层后面的立方体标志 ▦ ，开启对象的三维属性，如图 7-1-4 所示。

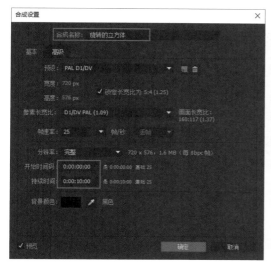

图 7-1-2 "合成设置"对话框   图 7-1-3 "纯色设置"对话框

图 7-1-4 激活图层三维属性

◎◎技能点拨

　　只有开启了图层的三维属性，让对象处于三维空间中，才能在合成窗口中构建立方体。

三、搭建立方体

　　（1）开启 2 个视图窗口。在合成窗口中选择"2 个视图 - 水平"，即开启"顶部"视图和"活动摄像机"视图，如图 7-1-5 所示。

　　（2）在图层面板中单击"顶""底"两个图层的显示标志 👁 ，隐藏这两个图层，如图 7-1-6 所示。此时合成窗口效果如图 7-1-7 所示。

图 7-1-5 "开启 2 个视图"窗口

图 7-1-6 隐藏"顶""底"图层

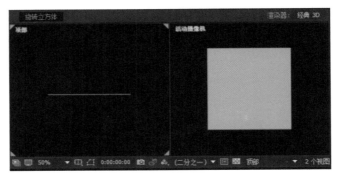

图 7-1-7　合成窗口

◎◎ 技能点拨

　　"活动摄像机"视图是人眼从正面看到的效果，"顶部"视图是从上往下看到的效果，因为本例中显示的是一个面，所以在"顶部"视图中只能看到一条直线。

　　通常是在"顶部"视图中移动、调整图层位置，在"活动摄像机"视图中观察效果。

　　（3）调整"前""后""左""右"图层。在"顶部"视图中，同时选择"左""右"两个图层，按"R"键，设置两个图层的 Y 轴旋转为"0x+90.0°"，如图 7-1-8 所示，并将两个图层移到两边；然后移动"前""后"图层，组成一个口字形，"顶部"视图的效果如图 7-1-9 所示。

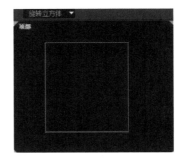

图 7-1-8　"左""右"图层旋转设置　　图 7-1-9　"顶部"视图效果

◎◎ 技能提示

　　为使正方形的四个角紧密衔接，可用放大镜放大显示正方形的角，再用方向箭头微调。

　　（4）调整"上""下"图层。将"顶部"视图改为"左侧"视图，隐藏"前""后"图层，显示"顶""底"图层，如图 7-1-10 所示。

图 7-1-10　图层面板

（5）调整"顶""底"图层。在"左侧"视图中，同时选择"顶""底"两个图层，按"R"键，设置两个图层的 X 轴旋转为"0x+90.0°"，并将"顶部"图层上移，"底部"图层下移，使之与"左""右"图层上下对齐，效果如图 7-1-11 所示。

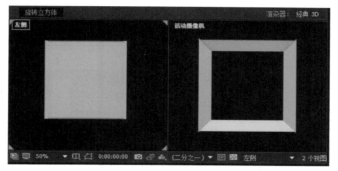

图 7-1-11　合成窗口

（6）显示所有图层。显示"前""后"图层，立方体搭建完成。

四、建立父子关系

（1）创建空对象图层。在图层面板的空白处单击右键，选择"新建／空对象"命令，创建一个"空 1"图层，如图 7-1-12 所示，再创建一个"空 2"图层，开启两个空对象图层的三维属性。

图 7-1-12　创建空对象图层

（2）建立父子关系。同时选中"顶""底""左""右""前""后"6 个图层，设置这 6 个图层的父级为"空 1"图层，设置"空 1"图层的父级为"空 2"图层，如图 7-1-13 所示。

图 7-1-13　创建图层的父子关系

（3）制作立方体单角站立。选中"空 1"图层，按"R"键展开图层旋转属性，设置 X 轴旋转为"0x+35.0°"，Y 轴旋转为"0x+180.0°"，Z 轴旋转为"0x+127.0°"，如图 7-1-14 所示，让立方体单角站立，效果如图 7-1-15 所示。

（4）选择工具栏中的锚点工具 ，在"活动摄像机"视图中移动"空 1"图层的中心点到立方体的站立点，如图 7-1-16 所示。

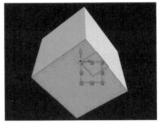

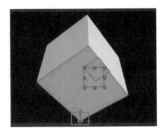

图 7-1-14　"空 1"图层旋转参数设置　　图 7-1-15　立方体单角站立　　图 7-1-16　移动"空 1"图层的中心点

五、制作动画

（1）设置旋转。选中"空 2"图层，按"R"键展开图层属性，在第 1 帧处单击 Y 轴前的码表，添加关键帧，设置第 5 s 处的 Y 轴旋转为"5x+0.0°"，设置第 9 s 处的 Y 轴旋转为"0x+0.0°"，按空格键预览，可见立方体先顺时针旋转，然后逆时针旋转。第 2 s 处的"活动摄像机"视图效果如图 7-1-17 所示。

（2）新建预合成。改变视图为一个活动摄像机视图，按快捷键"Ctrl+A"全选所有图层，按快捷键"Ctrl+Shift+C"生成预合成，新合成名称为"立方体"，如图 7-1-18 所示。

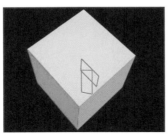

图 7-1-17　第 2 s 处的效果　　　　　图 7-1-18　预合成设置

（3）添加背景图层。按快捷键"Ctrl+Y"新建一个"720×576 px"的蓝色背景图层，将"背景"图层放在"立方体"图层下面，图层面板如图7-1-19所示。

（4）制作倒影。选中"立方体"图层，按"S"键将立方体缩小为"60%"，并向上移动到舞台的上方，再复制一个立方体图层，将复制的图层垂直翻转，设置其不透明度为"20%"，调整两个图层实现如图7-1-20所示效果。

图 7-1-19　添加背景图层

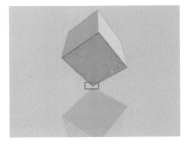

图 7-1-20　制作倒影

六、保存、收集与导出

（1）选择"文件\保存"命令，以名称"旋转立方体.aep"保存项目文件。

（2）选择"文件\整理工程（文件）\收集文件..."命令收集文件素材，增加文件的可移植性。

（3）将合成导出为"旋转立方体.mp4"文件。

■ **任务练习**

利用 3D 图层的属性，创建三维盒子拼合动画，效果截图如图 7-1-21 所示。

 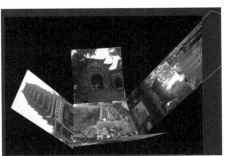

图 7-1-21　拼合动画效果截图

视频教学

拼合三维盒子

任务二
光影新世界——创建灯光特效

■ 任务描述

师傅看了李渝制作的单角旋转立方体模型很满意，可以将公司的 Logo 放在立方体上展示。房地产项目宣传广告片中还有一个展示房间透光效果的镜头，师傅让李渝制作一个有对象（如文字）的光影变幻视频模型，模拟房间的透光效果，作为制作广告时的参考。

■ 任务分析

三维空间加上灯光才具有真实感，因此灯光只对三维对象起作用。创建灯光后可以随时开启或关闭，也可设置灯光的阴影、色彩变化，还可让灯光动态投射到其他物体上，从而形成光怪陆离的动画效果。

■ 任务效果

视频教学

光影新世界

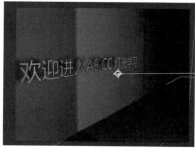

图 7-2-1   效果截图

■ 任务实施

一、新建项目与合成

按快捷键"Ctrl+N"新建合成，设置合成名称为"灯光效果"，持续时间为 10 s，如图 7-2-2 所示。

二、新建背景和地面图层

（1）新建背景图层。按快捷键"Ctrl+Y"新建一个蓝色纯色图层，命名为"背景"。

（2）新建地面图层。按快捷键"Ctrl+D"将"背景"图层复制一份，修改名称为"地面"，如图 7-2-3 所示。

（3）设置旋转。开启"背景"和"地面"图层的三维属性，按"R"键，设置"地面"图层的 X 轴旋转为"0x+90.0°"，如图 7-2-3 所示。

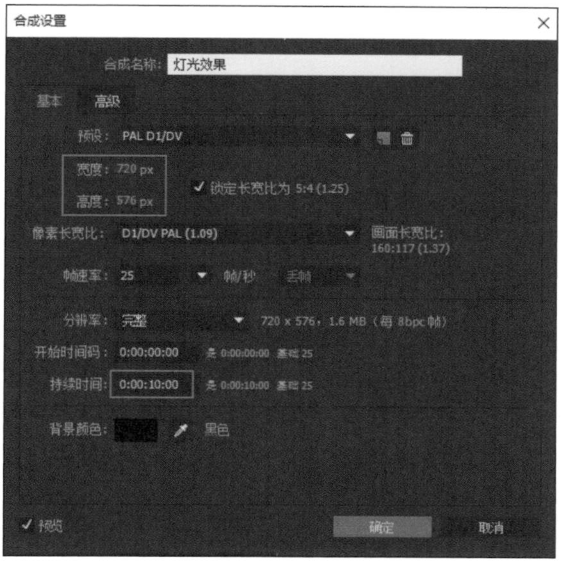

图 7-2-2 "合成设置"对话框

图 7-2-3 设置旋转

三、新建文字图层

（1）输入文字。在图层面板中单击右键，选择"新建 / 文本"命令，创建文字图层，输入"欢迎进入 AE CC 灯光学习"文字，设置字体为"微软雅黑"，大小为"60 px"。

（2）调整图层位置。开启"文字"图层的三维属性，设置合成窗口左边为"左侧"视图，右边为"活动摄像机"视图，在"左侧"视图中调整 3 个图层的位置关系，如图 7-2-4 所示。

图 7-2-4 3 个图层的位置

四、新建灯光图层

（1）添加灯光。在图层面板中单击右键，选择"新建 / 灯光 …"命令，创建灯光图层。

（2）设置灯光参数。展开"灯光 1"图层下的灯光选项属性，参数设置如图 7-2-5 所示。

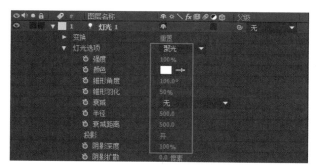

图 7-2-5　设置灯光参数

◎◎技能点拨

在场景中加入灯光后，其他三维图层下会增加一个"材质选项"属性，用于设置是否接收灯光。

（3）设置文字阴影。展开文字图层下的材质选项属性，将投影设置为"开"，参数设置如图 7-2-6 所示，"活动摄像机"视图效果如图 7-2-7 所示。

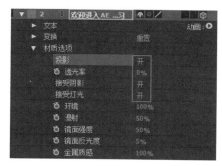

图 7-2-6　开启文字投影参数

图 7-2-7　活动摄像机效果

五、制作灯光色彩变化动画

（1）设置灯光色彩。展开"灯光 1"图层下的颜色属性，在灯光颜色的第 1 s、第 2 s、第 3 s、第 4 s 和第 5 s 处添加关键帧，修改颜色分别为黄色、蓝色、绿色、浅红色和白色，如图 7-2-8 所示。

图 7-2-8　设置灯光颜色变化

（2）设置灯光持续时间。选中"灯光1"图层，将时间指示器移到第5s，按快捷键"Alt+]"剪去5s之后的灯光图层，使该灯光变化只持续5s，如图7-2-9所示。

图7-2-9　设置灯光持续时间为5s

六、制作彩色光板动画

（1）制作彩色光板。在图层面板中单击右键，选择"新建/形状图层"命令，新建"形状图层1"图层，用矩形工具在"活动摄像机"视图中绘制不同色彩的无边框矩形，如图7-2-10所示。

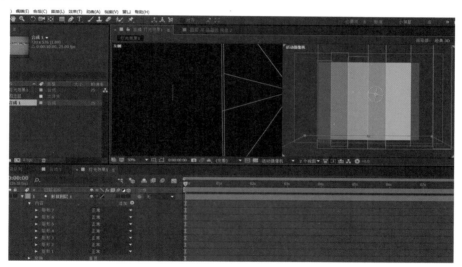

图7-2-10　活动摄像机视图的彩色光板

（2）选中"形状图层1"图层，将时间指导器移到第5s，按快捷键"Alt+["设置起始时间从第5s开始，如图7-2-11所示。

图7-2-11　起始时间设置

（3）开启"形状图层1"图层的三维属性，设置对象在空间的位置，如图7-2-12所示。

图7-2-12　"形状图层1"的位置属性

（4）设置透光率。展开"形状图层 1"下的材质选项属性，设置投影为"开"，透光率为"77%"，让灯光可以透过当前图层照射到文字上面，如图 7-2-13 所示。

图 7-2-13　设置"形状图层 1"图层的透光率

（5）新建另一个灯光图层。新建"灯光 2"图层，设置灯光选项为"聚光"，强度为"200%"，颜色为白色，起始点为第 5 s，如图 7-2-14 所示。

图 7-2-14　"灯光 2"图层面板

（6）制作一个灯光从左到右扫过的效果。设置灯光在第 5 s 的位置为"100，194.3，-780.7"，第 10 s 的位置为"140，194.3，-780.7"。

七、制作摄像机动画

为使画面看起来更逼真，通常需加入摄像机动画来体现真实的透视环境。

（1）新建摄像机图层。在图层面板中单击右键，选择"新建 / 摄像机…"命令，参数设置如图 7-2-15 所示。

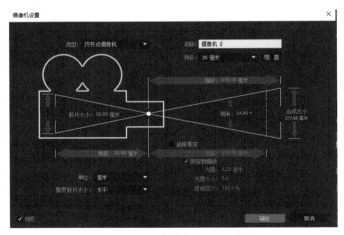

图 7-2-15　"摄像机设置"对话框

摄像机预置镜头

　　AE CC 2015 为摄像机提供了 35 mm 标准镜头、15 mm 广角镜头、200 mm 长焦镜头，以及自定义镜头等。35 mm 标准镜头的视角类似于人眼；15 mm 广角镜头的视野很广，类似于鹰眼，会产生空间变形；200 mm 长焦镜头可以拉近对象，但是视野范围较窄。

　　（2）添加摄像机关键帧。展开"摄像机"图层下的变换属性，给目标点和位置在第 0 s、第 1 s、第 2 s、第 3 s、第 4 s、第 5 s 处加关键帧，各关键帧的值见表 7-2-1，图层面板如图 7-2-16 所示。

表 7-2-1　各项属性值

时间	目标点	位置
第 0 s	360, 288, 0.0	36, 288, −765.8
第 1 s	360, 288, 0.0	517.2, 241.2, −744.8
第 2 s	249.9, 295.8, 34	55, 143.1, −685.5
第 3 s	249.9, 295.8, 34	134.5, 255.7, −720.2
第 4 s	353.4, 301.8, 57.2	426.6, 315.1, −693.1
第 5 s	323.6, 290.4, 41.8	−155.8, 212.2, −307.4

图 7-2-16　摄像机第 5 s 处的目标点和位置

　　（3）预览效果，可在活动摄像机视图中看到摄像机在每个色彩点上的抖动动画，以及光通过彩光板透光的左右运动动画。

八、保存、收集与导出

　　（1）选择"文件 \ 保存"命令，以名称"灯光摄像机运动 .aep"保存项目文件。

　　（2）选择"文件 \ 整理工程（文件）\ 收集文件..."命令，收集文件素材，增加文件的可移植性。

　　（3）将合成导出为"灯光摄像机运动 .mp4"文件。

■ 任务练习

　　利用几个灯光的配合，了解灯光在组合使用中的变化，完成"光影追逐"动画，效果截图如图 7-2-17 所示。

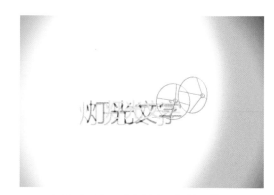

图 7-2-17　"光影追逐"效果截图

任务三
虚拟小区巡游——制作摄像机动画

■ 任务描述

房地产项目宣传广告片中还需要小区巡游的镜头画面，所以师傅继续安排李渝制作一个开车巡游小区的视频模型，作为制作广告片的参考。

■ 任务分析

要制作虚拟小区巡游视频，首先要安排对象的空间位置，然后架设摄像机，开启景深，模拟人观察环境的动作，制作摄像机的推拉摇移运动，从而完成巡游动画。

■ 任务效果

视频教学

虚拟小区巡游

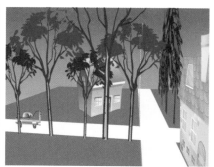

图 7-3-1　效果截图

■ 任务实施

一、新建合成，导入素材

（1）新建合成。按快捷键"Ctrl+N"新建合成，设置合成名称为"虚拟小区巡游"，预设为"PAL D1/DV"，持续时间为 5 s。

（2）导入素材。按快捷键"Ctrl+I"导入所有素材，并把素材加入合成中，开启所有图层的 3D 属性，设置合成窗口为 2 个水平视图，左边为"顶部"视图，右边为"活动摄像机"视图，如图 7-3-2 所示。

图 7-3-2　开启对象的 3D 属性和 2 个视图

二、构建三维场景

（1）调整道路图层。在"顶部"视图中，将"道路 .ai"图层中变换属性的 X 轴旋转设为"0x+90.0°"，在"活动摄像机"视图中调整"道路 .ai"图层的位置到场景的最下方，按"S"键，修改缩放为"238.0，254.4，100.4%"，按"P"键，修改位置为"410.4，596.0，-20.0"，如图 7-3-3 所示。

图 7-3-3　调整道路图层

◎◎ 技能点拨

去掉缩放的约束比例 🔗，方便自由修改 X、Y、Z 轴方向的缩放值。

（2）调整房子 1 的位置。选中"房子 1.ai"图层，修改缩放为"45.9，59.7，100.0%"，位置为"561.1，415.5，12.0"，如图 7-3-4 所示。

（3）调整房子 2 的位置。选中"房子 2.ai"图层，将 Y 轴旋转设为"0x+90.0°"，修改缩放为"29.0，44.9，29.0%"，位置为"419.8，455.8，154.3"，如图 7-3-5 所示。

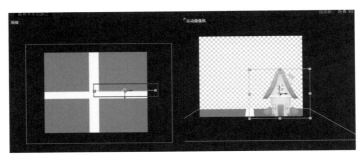

图 7-3-4　房子 1 的位置

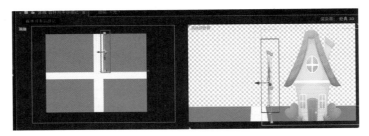

图 7-3-5　房子 2 的位置

（4）调整房子 3 的位置。选中"房子 3.ai"图层，修改缩放为"50.0，50.0，50.0%"，位置为"147.1，452.8，-101.4"，如图 7-3-6 所示。

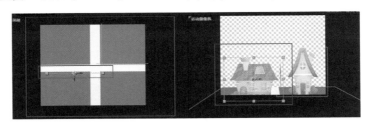

图 7-3-6　房子 3 的位置

（5）调整树木 1 的位置。选中"树木 1.ai 图层"，将 Y 轴旋转设为"0x+90.0°"，修改位置为"280.4，428.1，142.5"，如图 7-3-7 所示。

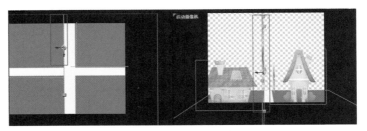

图 7-3-7　树木 1 的位置

（6）调整和复制树木 2。选中"树木 2.ai"图层，设置位置为"920.5，381.5，-118.0"。按快捷键"Ctrl+D"复制一层，将缩放改为"113.0，113.0，113.0%"，调整位置为"585.9，292.9，-118.0"，如图 7-3-8 所示。

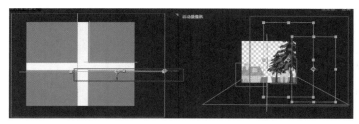

图 7-3-8 树木 2 两个图层的位置

（7）调整汽车的位置。选中"汽车.ai"图层，设置缩放为"13.0，13.0，13.0%"，位置为"900.0，566.0，-57.0"，如图 7-3-9 所示。

图 7-3-9 汽车的位置

三、制作摄像机动画

（1）新建摄像机图层。选择预设摄像机镜头为 35 mm，搭建后可以调用如图 7-3-10 所示的摄像机工具制作动画。

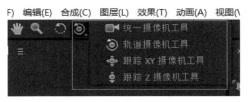

图 7-3-10 摄像机工具

（2）选择摄像机工具。选择"跟踪 XY 摄像机工具"，将视角移动到场景最左边，发现树木没有在"道路.ai"图层上，如图 7-3-11 所示，调整道路图层的宽度，调整后如图 7-3-12 所示。

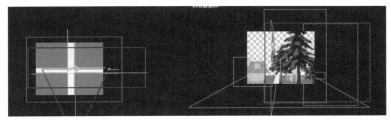

图 7-3-11 跟踪 XY 摄像机工具前

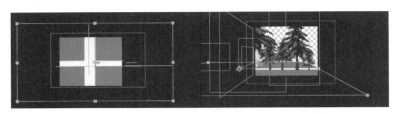

图 7-3-12　跟踪 XY 摄像机工具后

（3）设置摄像机目标点和位置关键帧动画。设置第 0 s 时的摄像机参数，如图 7-3-13 所示，效果如图 7-3-14 所示。

图 7-3-13　摄像机在第 0 s 时的参数

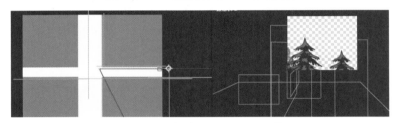

图 7-3-14　摄像机在第 0 s 时的效果

（4）设置摄像机播放动画。将时间指示器移到第 1 s 处，修改摄像机参数，如图 7-3-15 所示，实现从上往下的摄像机摇动动画，效果如图 7-3-16 所示。

图 7-3-15　摄像机在第 1 s 时的参数

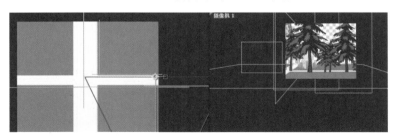

图 7-3-16　摄像机在第 1 s 时的效果

四、摄像机跟踪汽车运动

（1）设置汽车位置关键帧动画。选中"汽车 .ai"图层，设置汽车在第 0 s 时的位置为"900.0，566.0，-13.0"，在第 2 s 时的位置为"395.3，566.0，-13.0"，预览可看到汽车从左到右开动的过程。

（2）修改摄像机参数。为了让摄像机跟踪汽车运动，在第2s处添加摄像机目标点和位置关键帧，参数设置如图7-3-17所示。

图7-3-17　摄像机在第2s时的参数

（3）制作汽车转弯。在第2s处，选中"汽车.ai"图层，按"R"键，单击Y轴旋转前的码表，设置关键帧；在第2s04处，将Y轴旋转改为"0x+30.0°"；在第3s处，将Y轴旋转改为"0x+90.0°"。

（4）为跟踪汽车转弯，需制作摄像机摇动。选中"摄像机1"图层，设置第3s的目标点和位置，参数设置如图7-3-18所示。

图7-3-18　摄像机在第3s时的参数

（5）制作汽车继续前行。选中"汽车.ai"图层，设置第5s处的汽车位置为"330.0，566.0，661.0"，实现汽车向前运动。

（6）制作摄像机跟踪运动。选中"摄像机1"图层，选择"跟踪XY摄像机工具"，设置摄像机在第5s处的目标点和位置，参数设置如图7-3-19所示。

图7-3-19　摄像机在第5s时的参数

五、添加天空背景

按快捷键"Ctrl+Y"新建一个纯色图层，添加"梯度渐变"效果，参数设置如图7-3-20所示，并将此图层置于最下层。

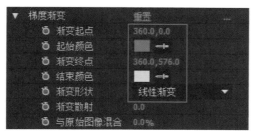

图7-3-20　梯度渐变参数

六、保存、收集与导出

视频教学

夜景长廊

图 7-3-21 "夜景长廊"效果截图

（1）选择"文件\保存"命令，以名称"开车巡游记.aep"保存项目文件。

（2）选择"文件\整理工程（文件）\收集文件…"命令收集文件素材，增加文件的可移植性。

（3）将合成导出为"开车巡游记.mp4"文件。

■ 任务练习

利用素材，制作"夜景长廊"效果的摄像机移动动画，效果截图如图 7-3-21 所示。

■ 核心能力检测

1. 想要构建一个虚拟的三维场景必须先开启对象的 _____ 属性，开启 2 个或者多个视图观察对象，再进行旋转搭建。

2. 想要灯光照射到对象上投射出影子，必须先勾选灯光的 _____ 属性。

3. 利用摄像机制作动画时，可以运用（　　　）。（多选）

A. 轨道摄像机工具　　　　　　　　B. 统一摄像机工具

C. 跟踪 XY 摄像机工具　　　　　　D. 跟踪 Z 摄像机工具

4. 在使用摄像机时，类似于人眼的镜头是（　　　）；视野范围广，容易产生空间变形的镜头是（　　　）；能拉近对象，视野范围很窄的镜头是（　　　）。

A. 35 mm 标准镜头　　　　　　　　B. 15 mm 广角镜头

C. 200 mm 长焦镜头　　　　　　　D. 150 mm 镜头

5. 观看一个视频，找出视频中摄像机的拍摄角度，填写下表。

视频名称：			
序　号	开始时间	结束时间	摄像机拍摄角度（俯、平、推、跟踪）
1			
2			
3			
4			
5			

项目八
粒子跟踪仿自然

- -

■ 项目概述

AE CC 2015 已经为视觉效果艺术家和动画设计师带来了大量的效果，然而，第三方开发人员提供了更多的独特插件，为特效大师的作品锦上添花，使视频效果越来越震撼，不仅有模拟自然的风雨雷电、桃花飘落，还有神话传说的空中水流、点石成金、半人半兽等特效。

AE CC 2015 的插件种类繁多，目前主要有粒子、调色、光效、文字、绑定、水彩水墨、表达式、关键帧、三维九大类。各类插件使用流程和方法基本类似。本项目以粒子 Particular 为例来讲解插件的安装、注册和使用。

通过本项目的学习，读者应能掌握插件的安装和注册方法，能判断不同版本插件的兼容性，能用 Particular 制作人造烟花、桃花飘飘、空中水流等视频特效。

■ 技能训练点

◇能安装和注册第三方插件；

◇能使用第三方插件 Particular 特效；

◇能制作粒子跟踪效果。

■ 学时建议

理论：1 学时；实训：3 学时。

任务一
五彩烟花——粒子插件Particular

■ **任务描述**

瀚道影视公司接到了一个物业公司的委托，制作该公司的宣传片，其中一个场景是展现物业公司管理的小区和谐欢乐，业主们都在庆祝新年，李渝准备制作一个烟花绽放的画面来突出新年的氛围。

■ **任务分析**

模拟烟花效果，可以用插件 Particular 来实现，但 Particular 不是 AE CC 2015 的内置插件，因此首先要安装、注册，然后才能像内置特效一样添加到图层中，再修改参数，制作关键帧动画。

■ **任务效果**

视频教学

五彩烟花

图 8-1-1　效果截图

■ **任务实施**

一、安装插件

（1）安装插件。打开配套的插件文件夹，复制所有的 aex 特效文件，右击桌面上的 Ae 图标，选择"属性"命令，单击"打开文件所在的位置"按扭，进入安装路径；然后打开"Pulg-ins\Effects"文件夹，将复制的 aex 特效文件进行粘贴即可。

（2）检验插件。成功安装插件后，可在"特效"菜单下找到相应的插件，如图 8-1-2 所示是成功安装了 Particular 插件的效果。

二、新建合成，导入素材

（1）新建合成。按快捷键"Ctrl+N"新建合成，设置合成名称为"烟花"，预设为"PAL D1/DV"，持续时间为 8 s。

（2）导入素材。按"Ctrl+I"导入素材"1.jpg"文件，并将其拖入到合成窗口中，设

图 8-1-2 插件安装成功

置缩放为"107.9，129.8%"。

三、添加特效

（1）新建纯色图层。按快捷键"Ctrl+Y"新建一个纯色图层，设置颜色为"黑色"，宽度为"720"，高度为"576"，命名为"烟花"。

（2）添加 Particular 特效。选中"烟花"图层，单击右键，选择新安装的 Particular 命令。

四、制作烟花爆炸动画

（1）设置 Particular 的发射器属性。隐藏"1.jpg"图层，选择"烟花"图层，在第 0 帧处单击粒子数量/秒前的码表，添加关键帧；在第 4 帧处修改粒子数量/秒为"0"，拖动鼠标预览会看到白色粒子喷射而出，修改速度为"700.0"，如图 8-1-3 所示。

图 8-1-3 第 4 帧处的发射器参数

（2）设置粒子选项参数。修改粒子的生命为"1.8"，生命期不透明度选择最后一选项，实现烟花从出现到消失的过程，如图 8-1-4 所示。

（3）设置物理学选项参数。将重力修改为"30.0"，物理学时间因数改为"1.5"，气下的空气阻力改为"1.5"，如图 8-1-5 所示。

（4）设置辅助系统参数。修改发射选项为"继续"，发射概率为"100"，粒子数量为"100"，生命为"1.0"，速度为"5.0"，如图 8-1-6 所示。合成窗口效果如图 8-1-7 所示。

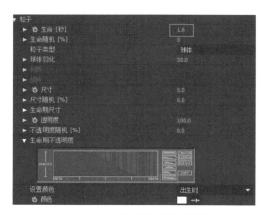

图 8-1-4　设置粒子选项参数

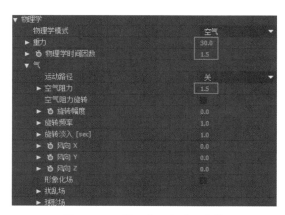

图 8-1-5　设置物理学选项参数

图 8-1-6　设置辅助系统参数 1

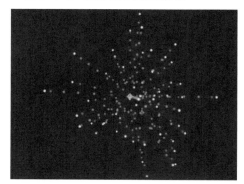

图 8-1-7　合成窗口效果

（5）继续修改辅助系统参数。设置重力为"10"，生命期尺寸、生命期不透明度和生命期颜色如图 8-1-8 所示，此时的烟花效果如图 8-1-9 所示。

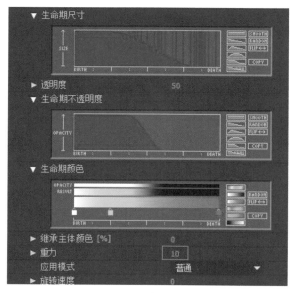

图 8-1-8　设置辅助系统参数 2

图 8-1-9　修改辅助系统后的烟花效果

（6）设置渲染选项参数。修改渲染模式为"全部渲染"，开启运动模糊，快门角度为"200"，其余参数默认，如图8-1-10所示。

五、制作烟花上升动画

（1）按快捷键"Ctrl+Y"新建一个黑色纯色图层，命名为"烟花上升"。

（2）隐藏"1.jpg"图层和"烟花"图层，给"烟花上升"图层添加 Particular特效。

（3）设置发射器选项下"XY位置"

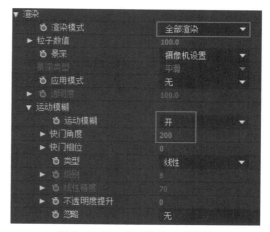

图8-1-10　修改渲染选项参数

关键帧动画。在第0s时，设置位置XY为"90.0，610.0"；在第1s时，设置位置XY为"456.0，281.0"。也可以用位置定位器直接在屏幕上定位，实现粒子从下向上升的效果。

（4）继续修改发射器参数。在第0s时，设置粒子数量/秒为"400"；在第1s时，设置粒子数量/秒为"0"，速度为"10.0"，如图8-1-11所示。效果如图8-1-12所示。

图8-1-11　第1s时发射器参数设置

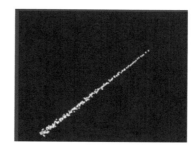

图8-1-12　上升效果

（5）修改粒子选项参数。设置粒子的生命为"1.7"，尺寸为"3.0"，生命期不透明度选择最后一项，生命期颜色选择"蓝色"（第3项），如图8-1-13所示。

（6）设置扰乱场。修改物理选项下扰乱场的影响位置为"78.0"，如图8-1-14所示。

（7）修改渲染属性中的参数设置。修改渲染模式为"全部渲染"，开启运动模糊，快门角度为"1500"，其余参数默认。

（8）制作上升后快速消失动画。设置在第1s时的不透明度为"100.0"，在1s09时的不透明度为"0.0"。

（9）添加颜色和发光效果。将"烟花"图层中的"色相和/饱和度"和"发光"

特效复制到"烟花上升"图层,使得两个图层的色彩、发光度完全一样,如图 8-1-15 所示。

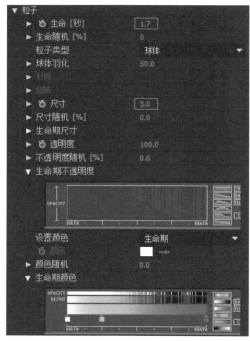

图 8-1-13 修改粒子选项参数

图 8-1-14 扰乱场设置

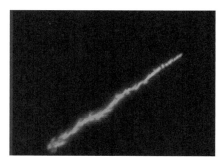

图 8-1-15 修改颜色后的上升动画

(10)调整图层的出现时间。调整"烟花上升"图层和"烟花"图层的出现时间,让"烟花"图层出现在"烟花上升"图层之后。

(11)建立预合成。选中"烟花"图层和"烟花上升"图层,按快捷键"Ctrl+shift+C"进行预合成,设置合成名称为"红色"。

(12)调整烟花颜色。选中"烟花"图层,添加 "色相饱和度"特效,调整主色相颜色轮,将烟花的颜色变成红色。

(13)调整烟花发光度。继续为烟花添加"发光"特效,设置发光阈值为"80%",发光半径为"20",烟花在空中爆炸的效果制作完成。

六、复制烟花

(1)复制合成。显示"1.jpg"图层,调整红色烟花的位置和大小,再按 4 次快捷键"Ctrl+D",复制 4 个"红色"合成,并修改名称为"绿色""蓝色""黄色"和"紫色"。

(2)调整烟花。修改每个合成中烟花的"色相和 / 饱和度"为需要的颜色,再调整每种烟花的位置、出现的时间和大小。

七、保存、收集与导出

(1)选择"文件 \ 保存"命令,以名称"烟花 .aep"保存项目文件。

（2）选择"文件\整理工程（文件）\收集文件..."命令收集文件素材，增加文件的可移植性。

（3）将合成导出为"烟花.mp4"文件。

■ 任务练习

探索设置粒子 Particular 的其他参数，制作文字在水中的效果，效果截图如图 8-1-16 所示。

图 8-1-16 水中文字效果

>>>> 任务二
桃花飘飘——粒子贴图

■ 任务描述

物业公司的宣传片中还有一个场景是展现小区在物业公司的精心维护下，环境美丽整洁。李渝准备继续用插件制作一个桃花飘落的唯美画面，寓意小区环境闲适安静、和谐温馨。

■ 任务分析

制作唯美的桃花飘落画面，首先要构思场景，收集素材，然后注意桃花飘落的动作要自然。通过 Particular 粒子参数的正确设置可实现粒子轻轻飘落的效果，最后通过粒子贴图可以将粒子转变为桃花。

■ 任务效果

图 8-2-1　效果截图

■ 任务实施

一、新建合成，导入素材

（1）新建合成。按快捷键"Ctrl+N"新建合成，设置合成名称为"桃花飘落"，预设为"PAL D1/DV"，持续时间为 10 s。

（2）导入素材。按"Ctrl+I"导入素材"a1.png""背景.jpg""音乐.wav"，将所有素材从项目面板拖入到合成窗口中，调整图层顺序，如图 8-2-2 所示。

图 8-2-2　图层面板

二、制作动画

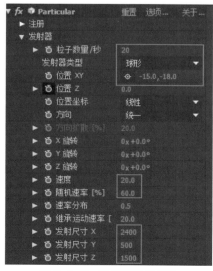

图 8-2-3　设置发射器参数

（1）新建纯色图层。按快捷键"Ctrl+Y"新建一个黑色纯色图层，命名为"粒子"，选中"粒子"图层，添加 Particular 特效。

（2）设置 Particular 的发射器参数。设置粒子数量／秒为"20"，发射器类型为"球形"，位置 XY 为"-15.0，-18.0"，速度为"20.0"，随机速率为"60.0"，发射尺寸 X、Y、Z 为"2400""500""1500"，其余参数默认，如图 8-2-3 所示。

（3）设置 Particular 的粒子参数。设置生命为"5.0"，粒子类型为"子画面"，图层为"2.a1.png"，如图 8-2-4 所示。

（4）设置粒子的旋转属性。设置随机旋转为"10.0"，旋转速度 Z 为"0.3"，旋转速度随机为"0.1"，如图 8-2-5 所示。

图 8-2-4　设置粒子参数　　　　　图 8-2-5　设置粒子的旋转属性

（5）继续设置粒子尺寸为"8.0"，尺寸随机为"60.0"，透明度为"80.0"，不透明度随机为"6.0"，生命周期不透明度选择第 4 种，如图 8-2-6 所示。

（6）设置 Particular 的物理学选项。设置风向 X 为"60.0"，风向 Y 为"60.0"，其余参数默认，如图 8-2-7 所示。

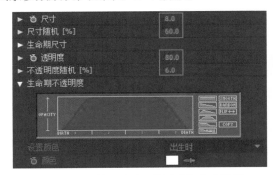

图 8-2-6　设置尺寸、透明度与生命周期　　　　图 8-2-7　设置物理学参数

三、调整环境

（1）调整背景图层的大小。选中"背景 .jpg"图层，按"S"键，调整图层的缩放为"30.5，30.5%"。

（2）制作背景图层动画。选中"背景 .jpg"图层，按"P"键，设置第 0 s 时的位置为"488.0，302.0"，即将背景移动到最左边，在 10 s 时将背景移动到最右边，完成一个简单的位置移动动画。

（3）隐藏"a1.png"图层，最终图层面板如图 8-2-8 所示。

图 8-2-8　图层面板

四、保存、收集与导出

（1）选择"文件\保存"命令，以名称"桃花飘落 .aep"保存项目文件。

（2）选择"文件\整理工程（文件）\收集文件..."命令收集文件素材，增加文件的可移植性。

（3）将合成导出为"桃花飘落 .mp4"文件。

■ 任务练习

利用给定的素材，通过粒子的参数设置，制作"花瓣飘落"效果视频，效果截图如图 8-2-9 所示。

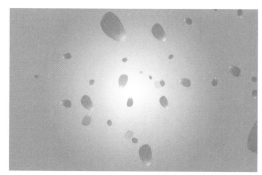

图 8-2-9　"花瓣飘落"效果截图

任务三
空中气流——粒子跟踪技术

■ 任务描述

物业公司宣传片中有一个场景是展现物业公司管理的小区空气清新，李渝打算制作一种夸张的气流特效，表现清晨时清新的空气环绕每栋楼，唤醒小区的住户。为观察效果，他准备先制作一个空中气流视频模型。

■ 任务分析

制作空中气流视频模型，可用新版本的 Particular 粒子插件，新版插件能设置粒子跟踪灯光运动，能修改粒子大小、运行方向、密度等，还可在运动方式不变的情况下将粒子替换成其他对象。

■ 任务效果

图 8-3-1 效果截图

视频教学
────────
空中气流

■ 任务实施

一、安装插件

（1）安装新版插件。打开配套的"新版本插件"文件夹，运行"Trapcode Suite 15.1.3 Installer"文件，根据提示安装到 AE CC 2015 的安装目标下，并注册插件，如图 8-3-2 所示。

图 8-3-2 安装文件

（2）启动 AE CC 2015 软件，此时系统会提示软件中有两个不同版本的特效，因为在前面的任务中已经安装使用了老版本的插件，单击"确定"按钮让新版本插件替代老版本插件。

二、新建合成，导入素材

（1）新建合成。按快捷键"Ctrl+N"新建合成，设置合成名称为"粒子运动"，预设为"PAL D1/DV"，持续时间为 5 s。

（2）导入素材。按快捷键"Ctrl+I"导入所有素材，"背景素材 .jpg"拖入到合成窗口中，按快捷键"Ctrl+Alt+F"将素材匹配到合成窗口的大小。

三、新建灯光图层

（1）创建灯光图层，设置名称为"灯光"，类型为"点"，颜色为"白色"，去掉投影，此时软件会提示摄像机和灯不影响 2D 图层，单击"确定"按钮即可。

（2）制作灯光位置关键帧动画。展开"灯光"图层的位置属性，在第 0 s、第 14 帧、第 1 s、第 3 s、第 4 s 和第 5 s 处加关键帧，各关键帧的位置见表 8-3-1。

表 8-3-1　各关键帧的位置

时　间	灯光位置	时　间	灯光位置
第 0 s	450.0，166.0，−1355.0	第 3 s	997.8，−541.6，1158.3
第 14 帧	450.8，324.5，−630.6	第 4 s	1781，−903.7，1608.8
第 1 s	−48.0，346.5，293.4	第 5 s	324.8，137.5，316.2
第 2 s	324.8，137.5，316.2		

四、创建粒子

（1）新建纯色图层。按"Ctrl+Y"新建一个纯色图层，命名为"粒子 1"，其余参数默认。

（2）添加 Particular 粒子特效。选中"粒子 1"图层，添加如图 8-3-3 所示的新版本 Particular 粒子特效。

图 8-3-3　添加 Particular 粒子特效

（3）设置 Emitter（发射器）属性。设置 Particles/sec（粒子 / 秒）为"180"，Emitter Type（发射类型）为"Light(s)（灯光）"，单击文字"Choose Names"，如图 8-3-4 所示，在弹出的对话框中填写新建的灯光图层名称"灯光"，如图 8-3-5 所示。注意：此处的灯光名称必须和灯光图层的名称相同，即"灯光"。

图 8-3-4　修改发射器类型

图 8-3-5　填写灯光图层名称

（4）修改发射器的 Velocity（速度）、Velocity Random（随机速度）、Velocity Distribution（随机分布）和 Velocity from Motion（速度继承）都为"0.0"，Emitter Size XYZ（XYZ 方向的发射尺寸）为"1"，如图 8-3-6 所示。第 1 s 时的效果如图 8-3-7 所示。

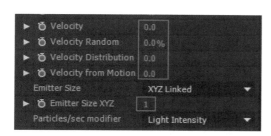

图 8-3-6 修改粒子速度及大小相关参数　　　　图 8-3-7 第 1 s 时的粒子效果

（5）设置 Particle（粒子）属性。修改 Life（生命）为 "0.1"，Life Random（随机生命）为 "0%"，Particle type（粒子类型）为 "Glow Sphere（No DOF）"，Sphere Feather（羽化）为 "100.0"，Aspect Ratio（纵横比）为 "0.80"，Size（尺寸）为 "14.0"，其余参数默认，如图 8-3-8 所示。

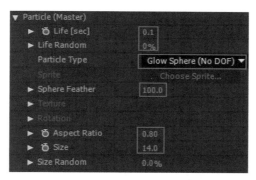

图 8-3-8 设置 Particle 属性

（6）设置 Aux System（辅助系统）属性。参数设置如图 8-3-9 所示，在第 18 帧时的效果如图 8-3-10 所示。

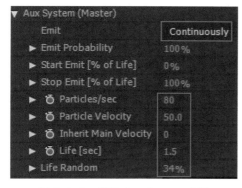

图 8-3-9 设置 Aux System 参数　　　　图 8-3-10 第 18 帧时的粒子效果

五、复制和修改粒子

（1）将"粒子1"图层复制一层，修改复制后的层名为"粒子2"，修改"粒子2"图层 Particular 特效 Emitter（发射器）中的 Particles/sec 为"1000"，如图 8-3-11 所示。

（2）继续修改 Particle 属性，如图 8-3-12 所示。

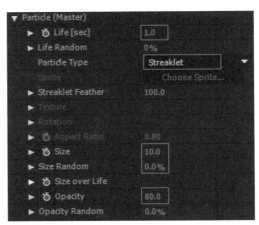

图 8-3-11　修改发射器粒子数量　　　　　　图 8-3-12　修改 Particle 属性

（3）设置 Aux System 的 Emit（发射）为"Off"，关闭反射系统，如图 8-3-13 所示。第 2 s 时的粒子效果如图 8-3-14 所示。

图 8-3-13　关闭发射系统　　　　　　图 8-3-14　第 2 s 时的粒子效果

（4）为了进一步丰富效果，将"粒子2"图层复制一层，命名为"粒子3"。修改"粒子3"图层 Particular 特效 Emitter 中的 Particles/sec 为"80"，如图 8-3-15 所示。

（5）修改"粒子3"图层的 Particle 属性，参数设置如图 8-3-16 所示。单独查看"粒子3"图层的效果，如图 8-3-17 所示。

（6）复制"粒子3"图层，修改图层名称为"粒子4"。修改"粒子4"图层的 Particular 特效 Emitter 中的 Particles/sec 为"80"，Emitter Size XYZ 为"150"。

（7）修改"粒子4"图层的 Particle 属性，设置 Life 为"2.0"。

（8）修改"粒子4"图层的 Aux System 属性，参数设置如图 8-3-18 所示。

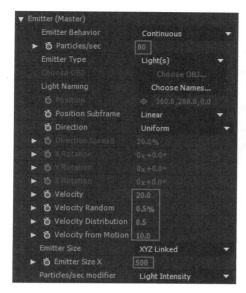

图 8-3-15　发射器的参数设置

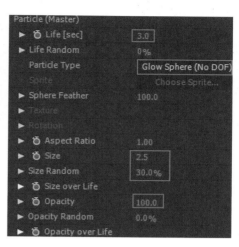

图 8-3-16　修改 Particle 属性

图 8-3-17　"粒子 3"图层的效果

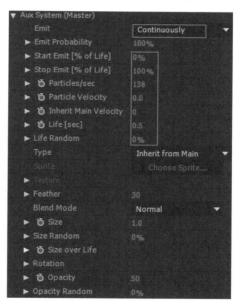

图 8-3-18　修改辅助系统参数

六、修改环境

（1）选中"背景素材.jpg"图层，按快捷键"Ctrl+D"复制一层，将复制的图层移到所有图层的最上面，如图 8-3-19 所示。

（2）观察第 5 s 时粒子应该到达山的背面，看不见了，因此在复制的"背景素材.jpg"图层上添加蒙版，并设蒙版羽化为"20"，即完成粒子进入山后的效果，蒙版绘制位置如图 8-3-20 所示。

图 8-3-19　最终图层面板

图 8-3-20　绘制蒙版

七、保存、收集与导出

（1）选择"文件 \ 保存"命令，以名称"空中气流 .aep"保存项目文件。

（2）选择"文件 \ 整理工程（文件）\ 收集文件…"命令收集文件素材，增加文件的可移植性。

（3）将合成导出为"空中气流 .mp4"文件。

■ 任务练习

结合本任务所学的知识和技能，完成"指上功夫"特效视频制作，效果截图如图 8-3-21 所示。

视频教学

指上功夫

图 8-3-21　"指上功夫"效果截图

■ 核心能力检测

1. 使用粒子插件必须先下载，然后进行 _____ ，要注册后才能使用。

2. 制作粒子跟随动画，必须建立 _____ ，再在粒子参数中选择灯光作为参考。

3. 利用粒子制作动画时，主要修改的属性有（　　　）。（多选）

A. Emitter　　　　B. Particle　　　C. Aux System　　　D.Rendering

4. 粒子发射器可以修改选择的类型有（　　　）。（多选）

A. Point　　　　　B. Box　　　　　C. Sphere　　　　　D. Light　　　　　E. Layer

5. 调用新版本的 Shine 插件，将如图 8-3-22 所示的图片制作成林间光束效果视频，效果截图如图 8-3-23 所示。

图 8-3-22 素材图片

图 8-3-23 林间光束效果截图